自然公園 009

老鷹的故事

沈振中——著

晨星出版

［推薦序］

外木山傳奇

劉克襄

追記一支老鷹族群與牠們的朋友沈振中

年初，一個冬日的安靜清晨，我正朝大武崙炮臺的山路踽踽而行。突然間，一隻老鷹從旁邊的山嶺冒出，攤開比身子長的羽翼，像一枚巨大的枯葉，從我的頭頂緩緩地低空飄去，朝另一座設有高壓鐵塔的小山滑行而去。

牠的背影讓我想起三〇年代中國空軍為數不到百架的雙翼單人戰鬥機，霍克三式，簡陋而速度緩慢；但它有一種深沉而古樸的飛行樣式，隱隱展現於機翼的一搖一擺中。

好久沒有這樣被老鷹低空貼近，壓得透不過氣來了！等牠遠去，我深深地呵了一口氣，拭掉額頭上的汗，繼續肩起背包，準備趕到山頂，去拜訪一位在此觀察老鷹已快一年的高中生物老師——沈振中。

沈振中在基隆德育護專（現為經國管理暨健康學院）教書。我會認識他是透過一本雜誌的媒介。那是去年四月，我收到他寄來的《自然筆記》，才知道他正在觀察老鷹。這本十六開的雜誌，裡面的內容多半是跟自然生態與生活理念有關的文章、札記、日誌，都是由他獨自撰寫，印給學生們傳閱。我會收到，或許因為我是自然寫作者的關係吧！

那時，他每個月都寄來一期。很慚愧地，我是到第三期，才注意到他描述老鷹族群栩栩如生的習性。因為那一期的《自然筆記》裡提到，有一隻叫叉翅的老鷹死了。

去年，一份農委會最新的猛禽調查報告出爐，這種過去在鄉下常常見到、很熟悉的、被暱稱為「來葉」的猛禽，在臺灣可能剩不到兩百隻了。

由於他對老鷹習慣的出色觀察，這幾個月來，許多賞鳥人在全臺各地旅行，也開始注意天空是否有老鷹在盤旋。可是，他們一路從南到北所能見到的數量，稀少得可憐。我自己有兩、三回的機會，從鼻頭角繞了五分之一個臺灣海岸，找到大南澳去，結果也未在天空發現半隻。

我一邊趕路，一邊暗自叫苦。前幾日，沈振中在電話那頭告訴我：「搭公路局，在武嶺下車，走一會兒就到了。」我竟忘了！跟我說話的人素來習慣徒步旅行，他算路程的方法跟我們這種都市人有很大的差距。果不其然，我走了一個小時，仍未看到山頂。

沈振中是如何觀察老鷹的呢？猛禽是鳥類裡最難觀察習性的一種。我們每次看到的，往往只是天空中驚鴻一瞥的飛行感受。他如何從基隆港尾隨，追蹤到這裡？緊接著，又是什麼樣的自然信念，讓他時時來這裡，從清晨待到黃昏，枯守在東北風狂吹的芒草山頭，為老鷹們逐一取名，並記錄下牠們的「一言一行」？這個傳奇不僅吸引了各地人士，我來過兩、三回，熟悉了他的觀察習慣後，每想到他的癡狂行徑，都不禁為之動容。

八點左右，好不容易上抵大武崙炮臺大門。有一部腳踏車停在外頭。能將腳踏車推上這麼高的地方，八成是他的。去年，這位簡樸生活的信奉者，就靠騎腳踏車上山，在這附近山區長期追蹤老鷹的棲息。

穿過炮臺，直接走到觀景臺。那兒視野良好，一望無垠，幾乎可以俯瞰整個情人湖山谷。老鷹呢？我四處張望，只聽到一些山鳥的婉轉叫聲。臺上正有一個鬍髭滿絡的人，攜帶了一部十六釐米攝影機。他指著遠方的鐵塔，我用單筒望遠鏡細看，那兒正停了兩隻老鷹。我來晚了！一大清早，其餘的老鷹都已飛出去覓食。

他叫梁皆得，目前在蘭嶼拍攝蘭嶼角鴞紀錄片，已經默默進行了好幾年。沈振中曾跟我提起：「最近，梁皆得常來此與我做伴，一起觀察、保護老鷹。」他們為了防止獵人爬上老鷹築巢的琉球松，特別用鐵絲網纏繞樹身，並且登記獵人的車號，向警方檢舉。

沈振中在哪裡呢？梁皆得指著遠方綠色山谷裡，一塊突出的危崖。我用望遠鏡看，沈振中戴著迷彩帽，瘦長的身影正孤立在那兒。他也拿著望遠鏡，朝更遠的瑪鍊山山區搜尋老鷹。

去年年初，他就是在那座像鷹的危崖，意外地發現不少老鷹集聚，在猛厲的東北風中起鷹與落鷹。起鷹與落鷹，顧名思義即老鷹的起飛與迅速降落的行為。

發現後，他就像和尚敲鐘般辛勤，一週來三、四回。未幾，這位看鳥不到兩個月的菜鳥，憑著驚人的耐心，意外地成為臺灣第一位記錄到老鷹巢位的人；而且，一次發現了三個（他是在別人告知下，才知道自己是最早發現的人）。

但或許更重要的是下面的故事：他也愛上了這群老鷹。

*

不久，我和沈振中的望遠鏡對望。他果然是賞鷹的高手，眼尖，一下子就發現了我，向我招手。上一回，去瑪鋉山的一座小山頭找他時，就覺得他大概天生也有一對鷹眼，當我們還在尋找老鷹落腳的位置時，他已注意到老鷹在做什麼動作。

沈振中發現的這支北海岸老鷹族群，尚存有二十隻。另外還有同樣數量的一支，棲息於南臺灣的偏遠山區。現在，要在北臺灣看老鷹壯觀的聚集和盤飛，當然就剩下這一支族群了。

正因為，這幾年老鷹突然自我們的生活空間消失了，也因為沈振中的適時重新發現，很多關心的人士都覺得時間已十分迫切。鳥類學者劉小如就呼籲過了，假若再不立法保護這種我們以為十分普通，常在港邊或城市撿拾腐肉、死魚、老鼠的猛禽，他們極可能會在這短短幾年，自這塊土地消失。

沈振中回到觀景臺後，未幾，停在鐵塔的那兩隻老鷹也飛出去覓食，整個山谷似乎更加空曠、靜謐了。牠們要到下午才可能再回來。因還有五、六個小時要等，我下到山谷的林子裡，尋找老鷹群夜間棲息的那棵大樹。

去年冬天，這群老鷹棲息的位置原本在瑪鍊山。今年，瑪鍊山山頭遭人偷偷違法開發，牠們被迫移到這處外木山山區。可是，再過不久，牠們現在棲息的山坡將開闢為滑草場，而春初時築巢的山壁也會因道路穿過，遭到毀滅。

老鷹能棲息的環境，往往是危崖高聳的峭壁，這樣的地形在北海岸只剩此地，北臺灣最後的老鷹族群將何去何從呢？關於牠們的未來，我實在不敢想下去。

我也無法想像，一個沒有老鷹的基隆又會是什麼樣的港口呢？任何住在基隆的市民都知道，即使在今天這樣惡劣自然環境下，當他們前往港邊的公路局搭車，晨昏時還能看到老鷹們在基隆港逡巡。牠們是最能代表基隆港活動地標的自然生物。這個福氣是其他地區市民所無緣目睹的。

由此沿著北海岸到萬里一帶，許多山區都被開發成風景遊樂區後，這幾年出現的大量空屋，在在證明北海岸並非一個適合全年休閒觀光，進而全面開發的地點。有這個慘痛的前車之鑑，我實在難以理解，主事的基隆市，竟然要以防止「垃圾濫倒」和「遊客溺斃」這兩個奇怪的理由，繼續把經費浪費在這種遊憩景觀的規劃上，無端地背負扼殺這些老鷹的罪名。

費了好一段時間，終於在密林裡找到牠們晚上休息的大樹。梁皆得剛好來到，我們兩人將手邊的鐵絲網，重重捆在樹身，確信獵人毫無上樹的機會後，才放心地離去。

中午時，我們繼續待在觀景臺，各人吃自己帶來的食物。沈振中的午餐是一個蘋果，梁皆得帶了兩個饅頭，我則享用了早晨在路邊買的飯糰。山谷沒有多少遊客了，天空靜得恍若只有烏雲飄過的聲音似的，偶爾有陽光從其間灑落。

不知早晨相互告別後，飛到北海岸各個區域的二十隻老鷹是如何度過一天的？而且，為何在這個季節的黃昏時，每天又要辛苦地回來參加「集聚儀式」（gathering ceremonies）？上述的這些問題還有很多仍待再長期而仔細的調查研究。

沈振中打算在這裡觀察五年，尋找這些答案的可能，然而，整個山區若如期開發，他的計畫將隨著這些老鷹的消失而泡湯。

用過午餐後，我在觀景臺小睡。一群登山客經過，我被他們吵雜的聲音吵醒時，剛好一隻老鷹從我的上空滑行而過，沒入後面的山區。又是一個好低好低的滑翔，充滿了三〇年代螺旋槳飛機飛行員的冒險精神。

我頓時想起六年前在萬華戲院上空，看到一隻老鷹貼著和平西路低空掠過的往事。沒有猛禽會用這種姿勢接近人車的，牠們總是高不可攀，唯有老鷹，才擁有這種不懼人的優雅與從容。自從五股、關渡的老鷹群逐一消失後，那是我最後一次在臺北看到老鷹飛臨我們的城市。

下午三點多時，老鷹們果然陸續回來了。一隻、兩隻、四隻……，我們興奮地數著。

「黑環回來了！」我從望遠鏡裡看到，跟沈振中說。黑環是換羽後目前二十隻老鷹中，他唯一認識的兩隻之一，尾羽有一根明顯是白色，疑是掉羽。

去年春初時，沈振中在瑪鍊山的小山頭觀察其中的三對。那三對他都認識，都取了綽號。相對的，牠們似乎也認識長期待在山頭的沈振中。有好幾回，沈振中要上山時，都遭到老鷹半開玩笑地攻擊，逼得他必須匍匐前進，或攜雨傘上山，藉以保護自己。

那時，有一隻叫白斑的雌鷹，樹巢被偷偷放置了獸夾。有一天，白斑回來時，很不幸地遭到夾傷。沈振中眼睜睜地看著牠，連同獸夾一起掉落下來，垂掛在樹上。掙扎復掙扎，最後力竭而死。而更早時，另一隻雌鷹，叉翅，可能因食物中毒橫死於海岸。至於，牠們巢裡的蛋呢？此後也杳無音訊。

四點多時，鐵塔上已集聚了十八隻。另外兩隻先回到林子休息。這時，有二、三十位關心老鷹在此集聚的基隆市民趕來欣賞。自從基隆的這群老鷹即將滅絕的消息見諸報端後，這裡已成為臺灣的賞鷹勝地。

起風了！風起鷹飛，好戲開始粉墨登場。

沈振中像是這個森林世界的導演般，準確地描述著老鷹們的下一個步驟。他先說老鷹群待會兒會撤退到後面的山嶺盤旋。那兒被沈振中戲稱為「後臺」。未幾，老鷹們果如其言，逐一起身，飛到山後去排演。

老鷹喜歡這個山谷的原因，很可能是這裡經年有猛厲的海風吹颳，很適合牠們玩落鷹、起鷹與抓枝的遊戲。高智慧的動物都懂得在生活裡安排這種遊戲的時間。海豚如是，老鷹亦然。

但接下來沈振中算錯了，老鷹群並未如以往那樣，像一架架B29，從山嶺紛紛掠至我們的上空，表演今天的最後一場戲——盤旋與落鷹。

「大概今天是牠們的禮拜天吧？」有人這樣開玩笑。

也有人猜測：「可能是今天觀景臺的人比較多，老鷹們眼尖，害怕了，不想盤飛。」

我也清楚聽到有人說：「真奇怪，亞洲各國的城市，像東京、香港，老鷹都非常多，為什麼我們這兒卻那麼少？是不是我們的環境比較毒？還是我們生活的地方的垃圾比較少？」

老鷹群又從剛才的路線退回到鐵塔，像一群長老靜靜地蹲俯在最高的柱頂上開會。一團薄霧籠罩下來時，黃昏的落日餘暉斜打在牠們的位置，形成蕭瑟又充滿肅殺的景觀。「集聚儀式」通常被鳥類學者解析為兩大主因：一種是交換食物的情報來源，一種是相互認識交配的對象。

天地愈蒼茫，冷風相益增強了；許多人套上外衣。老鷹也開始動身。第一隻飛出，間隔一段距離後，換第二隻飛下鐵塔。當第一隻降落時，第二隻正在半途，準備降落。

第三隻呢？牠也正從鐵塔下來。每一隻似乎都知道自己的位階，要扮演第幾個角色。牠們也像作戰歸來，一起抵達機場上空的戰鬥機群，一隻接著一隻，秩序井然地，逐一朝近乎闇黯的森林飛去。

牠們就在那棵下方綁有鐵絲網的大樹上，一齊度過寒冷的冬夜。這些早年被人類忽視的，如今卻受到鳥類學者注意，被稱為從舊世紀活過來，生存到新世紀，背負著生物進化歷史意義的猛禽，又安然地度過一天了。

然而，明天呢？

明天會是怎樣的日子？

會不會又有一個瑪鍊山被毀掉？

會不會又有一隻白斑在回到自己的巢時，被獸夾夾死？當天空全然暗黑時，這些揮之不去的陰影也重新襲上我的心頭。

假如明天外木山的森林仍然茂盛存在，基隆港仍然有豐富的食物，崖邊的琉球松也沒有覬覦牠們的獵人，牠便還能繼續盤飛、集聚與遊戲。每一隻也將像飛行的活歷史，繼續盤旋在我們的土地上。

但牠們有明天嗎？

［自序］

與自然重逢

沈振中

很希望能用很簡單的語言，說明我如何決定過較接近自然的「簡單生活」、如何決定一人徒步從臺北到屏東、如何決定自己一人騎單車拜訪高山，到最後又如何決定加入保育團體——臺北市野鳥學會，然後遇上叉翅與白斑牠們這群老鷹……。但似乎很難，因為生命是一連串延續的事件累積而成的，人不可能因單獨一件事而徹底改頭換面，最可能的只是因為過去累積的個性、觀念、理想（想做而一直沒做），因為一個事件而點燃了最佳的機遇。

我可以遠溯到孩童時代，家庭生活、成員如何塑造出我如今的沉默，而有能力承受孤寂且需耐力的長途旅行；也可以一個人寂靜而堅持地在一個山頭坐上十個鐘頭，只為了看幾隻鳥……，可是如果從兒童期開始探討為何我變成今天這個樣子，那可以寫成一本書了，所以，我僅列出最近幾年影響我較大的一些人、事、書、觀念，我相信那些都是重要的關鍵因素：

「生物權」→陳怡安老師的「生涯規劃與終極關懷的精神」→《迷霧森林十八年》的黛安．佛西→父親過世→「與黑猩猩相處二十年」的珍．古德→「資源回收」→母親過世→吃素→區紀復的「簡樸生活」→周兆祥的《另一種生活價值》→林俊義的《搶救地球五十簡則》→馬以工的《一百分媽媽》→陳慧劍的《弘一大師傳》及Aldo Leopold的土地倫理觀。

我試著用最簡短的語言來說明每個「因素」的意義：

- 「生物權」：每一種生物都是獨特的生命，牠們擁有不被人圈養、實驗、解剖、展示的權利。牠們生在自然、活在自然，也要死在自然。
- 「生涯規劃與終極關懷」：從刻自己的墓碑開始，從生命最終仍要關心、仍在意的一個信念開始，從死亡那天開始，倒退計畫自己的一生。
- 「黛安．佛西與珍．古德」：兩位女性分別因觀察大猩猩、黑猩猩而在森林待上十幾二十年，我問自己，還要「想」多久才有行動？
- 「資源回收」：從垃圾分類、珍惜資源為地球做點事吧！

・「父母親過世」：塵歸塵，土歸土；赤裸裸地來，赤裸裸地走，什麼也帶不走，什麼都可以放下了。

・「吃素」：服喪期間，全家吃素，身心覺得清淨許多，就決定吃素一輩子；並儘量將路上的蟲、蛇移至草、山、林、土裡。

・「簡樸生活」：一種接近泥土、接近自然，不汙染地球、不過度使用地球資源、又能淨化心靈的生活體驗。

・之後的各種相關書籍：如《另一種生活價值》、《搶救地球五十簡則》、《一百分媽媽》，則一直在增強我捨棄「物質」、回歸「簡樸」的意念，然後……

・《弘一大師傳》：集音樂、戲劇、美術、書法等才華在一身，卻在三十八歲剃髮事佛，這世上還有什麼放不下的？

・因著「土地倫理觀」，我立下誓言：「我宣布我自己為土地國的一個國民，將永不停止的尊重土地國中的其他份子，如土壤、水源及各種動、植物。自然環境並不屬於我們人類，我要學習與生物分享整個土地。因為我的智慧與能力比土地國其他份子特殊，所以我在使用或改變自然資源、環境時，有責任，更有義務要考慮到整個生物群聚的福利。」

七十九年十一月生日時，我預立遺囑。八十年二月開始，我逐步送走電視、冰箱、冷氣、風扇、電鍋、熱水器、機車、音響……，生活的原則只有三條：

一、減少身心不必要的負擔。
二、減少地球資源的使用及環境汙染。
三、回歸自然，尋求「無夢、無掛、無慮；心清、意淨、體輕」的生活型態。

隨後於八十年暑假獨自拜訪玉山、雪山，親見在自然中活躍的獼猴，親見壯麗又懾人的高山景觀，一股投入自然懷抱的衝動再度燃起，乃於八十年十一月加入臺北市野鳥學會，希望在地球無汙染的生活型態外，也能積極去關心一種野生生物；「鳥」就是我「重返自然」的開始！兩個月後，八十一年一月，又翅牠們進入我的生命裡。

回歸自然的生命歷程會持續下去；不想去預測下一步是什麼，我相信大自然早已安排好每個人的命運，我也相信只要投入自然，自然會擁抱每個人。叉翅與白斑這群老鷹是大自然安排給我的見面禮，我會珍惜這樣相遇，並期待與自然萬物的擁抱、重逢。

01 老鷹的守護者　22

CONTNETS

02

生命的悸動 154

03

那一片清淨地 186

［卷一］

老鷹的守護者

家裡的垃圾桶旁，一隻蟑螂被蜘蛛設下的網困住了。蜘蛛竟然那麼清楚蟑螂的行徑。

我是否要幫蟑螂脫離困境，還是不要去干擾自然的物競天擇，優勝劣敗？我讓牠面對自己的生存危機。一個鐘頭後，牠掙脫了蜘蛛網，身上卻纏繞著部分的蜘蛛絲而行動困難。這時，我插手了，幫牠解去束縛，牠慢慢步向廚房陰暗的一角……也許另一個蜘蛛網已設好在等牠了，也許下次牠無法掙脫另一面生命的巨網。

雨天的大年初一，我在海灣的漁村裡寫下這些。

梁皆得攝影。

與其說是我發現牠們，倒不如說是牠們擄獲我，要我為牠們記下這正在發生，以及即將發生的事。

選擇「鳥」做為「重返自然」的第一步，老鷹即來帶領我欣賞牠們的世界。

邀請你也試著讓老鷹帶你到另一個國度，去看看其他同樣生活在地球上的子民。

有關人類的事情已有千千萬萬的書、文字在研究、記錄，我再寫也是多餘；就讓《老鷹的故事》成為野生生物說話的園地吧！

永遠的老鷹

緣起

曾經聽不少人提起，在以前的基隆港，可以看到整群的老鷹飛翔，而現在，能同時看到三、四隻已經算不錯的了。

曾經，整個仙洞嚴附近的山壁也是老鷹最恰當的築巢處，又峭又避風。但是，隨著公園、步道、亭子、房子及貨櫃碼頭的興建，也逐漸趕走了老鷹。如今，雖偶爾會出現四至五隻老鷹在附近的水域尋找食物，但要牠們在燈火通明、整日吵雜的環境下停棲、築巢，似乎是不太可能的事了。

老鷹仍在，只是牠們遺棄了這個曾經是美麗港灣的棲所。牠們偶爾會回來拾取浮在海面的爛肉——那是從大水溝排到港口的垃圾，這大概是基隆港還能提供給牠們的唯一好處吧！

在一偶然的機緣下，我在大武崙漁村的黃昏時候遇見了牠們。那是一次例行的海岸鳥類調查。八十一年一月十一日——寒假剛開始的第一個下午。雖曾陸續在此區域發現老鷹，可是，頂多是四隻而已。那天下午三點半至五點左右，老鷹陸續加入，最多同時十四隻在山頭盤旋、追逐，就這樣，注定我整個寒假要被牠們困住了。但，此時，我並未敏感到這數量的意義。

一月廿一日，仍依往常的路線看鳥，上午路過漁村時，老鷹五隻，仍未引起我多加注意，一直到下午四點半左右，當我折回頭，再經過漁村時，不得了！一大群十八隻，在同樣的山頭盤旋、追逐，這下子，我才決定到此地做全天候觀察。那天晚上向鳥會的猛禽研究負責人報告，並問明要記錄些什麼後，一月廿二日起，我真的陷入這不知是誰設下的大網。

這小小的漁村，不到卅戶人家，他們可能擁有一項連他們自己也不知道的臺灣獨一的天然資源——每天的黃昏，到各地捕食、活動的老鷹，總要聚集在漁村的山頭盤旋、滑翔、遊戲、追逐；像是在「晚點名」，也像是在報告各海域、各山區的最新狀況。

據村民說，長久以來就一直有這種現象，最多曾達到廿二隻。無法考據牠們來此已多久了，也無法證明牠們是否是基隆港繁茂時期的那群。為了了解在基隆港活動的那幾隻老鷹的飛行路徑——是否從漁村去的？一月廿九日那天，我在港區守了一天，一直到下午才出現兩隻，畫下牠們來去的方向圖後，隔日上午我爬上一個可能是牠們必經的山頭，就在那一瞬間，一隻老鷹輕輕滑過我身旁，不到十公尺的距離，牠斜過頭來望著我，眼對眼的那兩三秒間，我感受到一股侵犯到牠的抗議聲：「來這裡幹麼？請遠離我們，這是我們的領土。」

在漁村連續幾日全天候的觀察中，我陸續發現了三個巢，其中包括一個單相思的老鷹先生所築的，即使牠喜歡的老鷹小姐已名花有主了，牠仍努力不懈地抓枝築巢，也經常抓魚、夾食物向那隻鷹小姐獻殷勤，因而引來另一隻鷹先生的追趕。三個巢、五隻鷹及整個鷹群的黃昏聚集，加上偶爾飛過的魚鷹、大冠鷹、遊隼等，所發生的點點滴滴自然野趣，讓我無法不提起筆來寫牠們。

那一陣子，聽鳥會的猛禽研究負責人提及，基隆某所學校的教官曾報告時常有老鷹飛到他們學校的後山；除夕那天，我悄悄地坐在那所學校的環山步道上，不到一個鐘頭，我聽到牠們求偶、交配的特有鷹鳴，再二十分鐘，牠們出雙入對的抓枝入巢。比起漁村那一大群及三個巢的熱鬧景象，這一對算是清淡佳人了；沒有爭偶，沒有領空權歸誰的問題，這裡安靜多了，我也打算記下牠們。在這一連串興奮的發現同時，我也注意到鷹群常起落的山區正有一不知名的工程在進行，怪手挖山，廢棄土倒入山谷裡；也耳聞村民提及附近海岸線正在規劃遊憩休閒區，聽說還要從山上設置滑草坡一路到海邊……更讓我擔心的是，一條二十米寬的道路要從漁村後的山區——也正是鷹群起落的區域開過。這是另一面無法掙破的網，真希望村民的消息都是錯誤的。而若這一切都是真的，且勢在必行，我又能如何，這也算是優勝劣敗的自然法則，我不能插手，我只能記下牠們如何面對這種唯獨人類才會造成的環境破壞。

而我內心也同時有另一種的衝突，我是只要透過望遠鏡，透過筆記下牠們的一切生活、行為？還是要嘗試更靠近牠們的巢拍下，甚至測量更完整、更詳細的學術參考資料，如巢的建構、蛋的顏色、重量、大小，以至幼鳥的重量等。然而，想起賞鳥守則裡有這一條：「遠離鳥巢」，雖然曾看過一些報告有鳥蛋、圖片，甚至幼鳥重量、長度的數據，我想，我是不須且不應有這種做法。讓牠們不受一絲絲干擾的生下幼鳥，到學飛、參與整個大自然，成為大自然的新生份子，絕對比發表一份可能是臺灣第一手數據的成就感來得重要。

陳煌在《人鳥之間》寫過一句話：「只有人類離開自然，自然才會感激人類。」我也堅信，任何想要更靠近野生生物的嘗試，都會對牠們造成或多或少的干擾，甚至迫害。

我決定用最原始、最笨的方法，用筆記下牠們整日的行為，透過行為來推測何時生蛋了、何時幼鳥孵出了，然後，我會期待那幼鳥的第一次試飛。

我也要拍下牠們生存環境的變遷，定點定時的拍照，看看人類是如何在迫害其他大自然的子民。

我也將用這一年的所有週日、假日到基隆地區的其他山頭，去拜訪那些零星、仍試著在人類的文明中堅守一個小小的山頭、試著在人類高聳建築與無處不在的垃圾中求生存的老鷹們，並逐一替牠們留下生活紀錄。

年初一的雨下了一個上午。下午雨稍小了一點，牠們就起飛，逐個山頭呼朋引伴的玩起盤旋、追逐的遊戲，一下子就從一隻增加到十隻。人類的過年對牠們並沒多大意義，牠們每天都在慶祝過年，黃昏時候的聚集，即使是有雨的日子，是牠們在慶祝「仍然活著」，在所有山野逐漸被人攻占、破壞的今日，牠們慶祝仍有一個純樸的漁村、海灣以及數個可以遊戲、棲息的山頭及山谷。

希望這不是牠們最後的海灣，希望這是牠們永遠的樂園。

〈永遠的老鷹〉不只是替老鷹說話，也替所有正被我們人類在無知中趕盡殺絕的野生生物請願，留一些海灣，留一些山頭，留一些林地給牠們吧！並同時期望我們有稍多一些的能力來尊重、欣賞這些真正的「原住民」。

註：一般人常把天上飛的全叫做老鷹，其實天上飛的鳥類還不少，這裡所說的老鷹，正式名稱為黑鳶，學名為*Milvus migrans*。英文為Black Kite，意即黑色風箏。

抓枝的本事

第一次看到「抓枝」的動作時，以為那是牠們想要停在那又細又脆弱的枯枝上，紀錄上寫的是：「二隻欲停枝，三次皆不成」，後來發現，另外一隻也有相同動作，只是不是停在上頭，而是抓到後，往一個樹叢裡俯衝進去，我才意會到——牠們的春天到了，紀錄馬上改為「二隻輪流以爪抓枝，交到口中——築巢」。

牠們在空中盤旋時，頭就左右轉動，眼睛忙著找尋適當的枯枝；看上一個小區域後，就兩翼微微上揚，翼尖上翹，尾羽也跟著上揚，整個身子緩緩如人類的直升機般往下降。幾乎是靜止在空中的，爪一抓，不管有沒有抓到枝，身子一斜就上升了。若抓到枝，就咬到口中，有時會在口與爪間交過來交過去的，似乎在清理不想要的細節，若合意了，就咬進巢裡；若不合意嘛，當然就丟了。有一回，快回到巢時，發現大概太長了，進不去，就把它給放了，真率性！

有時，一不小心，枝掉了，沒關係，這時才是「顯身手」的時候，說時遲、那時快，一個翻身，俯衝下去又抓了起來，當然，如果牠們發現那枝已快掉到樹林或草堆時，牠們也不至於傻到拚命去抓回來，反正這兒多的是。

老鷹為「黑鳶」的俗名，英文Black Kite意即「黑色風箏」。李景泓攝影。

雖然靜止在空中的秒數不長，可也得真功夫，偶爾在黃昏的聚會時，牠們就輪流玩這「抓枝」的遊戲，有點像人類在比「草上飛」，比起輕功來了！若有一隻真的「不小心」抓到枝了，牠們就玩起類似人類橄欖球的遊戲，互相盤旋、追逐、俯衝，在空中來個大翻身，背對大地……就為了「玩」那根枝。那根枝就這樣也不知換了幾隻鷹爪，然後，突然地掉了下去，往下盪呀盪的，別擔心，總會有一隻老鷹衝下來把它給抓回去繼續玩。幸好，牠們不會像某些人類把動物當球那樣玩起競賽遊戲。不過，抓枝本來是為了築巢的，現在卻發展成遊戲，倒是像極了人類的金錢遊戲，賺錢本只是為了能活下去，人類卻發展成為了顯要而賺錢。當然人類的金錢遊戲結果總是幾家歡樂幾家愁，而老鷹們卻是「即使爭鬥也不傷及肌膚」；玩抓枝遊戲只是為了聯絡感情，不會有輸贏、利害關係的，人啊，多學著點吧！

晚點名

牠們從不同的區域陸續聚集。

在黃昏天色全暗下之前的一個半鐘頭開始，數目逐漸增加。無法預測下一分鐘，牠們會從哪個方向再加入，總是低頭記錄完再抬頭時，風口上空已十隻，或十二、十四……只能推測風口這邊有五隻，風口後方的相思林裡有三到四隻，另一較遙遠的山頭也有一群，但數目不詳。

不知是哪一群下達行動命令，族群的黃昏聚集就如一次晚點名。

在風口的山頭，五到六隻互相盤旋追逐，偶爾會玩「抓枝」、「搶枝」的遊

黃昏的時候，老鷹陸續聚集澳底漁村及情人湖上空。沈振中攝影。

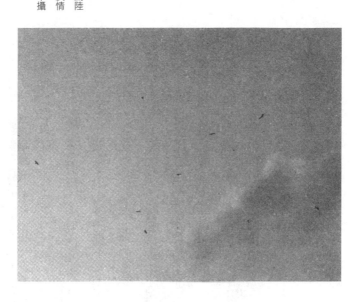

戲；然後，從另二區便會有老鷹陸續趕來加入追逐的行列，但有時，牠們卻是一群的飛往另一區，等再回風口時，數目就增加了。

總是看到有一隻常在較高的天空滑翔，而其餘的仍依依不捨的在山頭追逐、抓枝……最後，很難得的，終於聚成了，一起往海上滑翔，同一個方向的……那種感覺，像在閱兵。滑向海上，一個轉身，再滑回風口，如此反覆兩、三次，高度逐漸上升，而在上升之際，牠們會滑到附近的山區，接著滑回風口，然後再滑向另一山區。有一回，牠們在風口的山頭上方急速繞圈盤旋，一共十九隻，那種景觀深深地印在我心頭，那時，我好想給牠們掌聲！我仰著頭驚喜的看著那既快速又亂而有序的繞圈，那是一種感動，我們人類能那樣允許些微的不整齊，而仍能有整體的秩序嗎？

牠們不須排好隊，可是，我知道牠們是同一族群的。

黃昏聚集不僅像是在晚點名，更像是人類一天的工作後所做的遊戲活動。會遊戲的生物是一種有智慧的生物。

牠們也像人一樣，有穩重型的——早早準備好要黃昏滑翔；也有沉溺於玩樂中的，總是要盤旋、追逐到最後一刻才加入行列。我感動於牠們黃昏聚集時能盡情喜樂追逐，也能一致同向無聲的滑翔。

很想與牠們一起做黃昏的聚集滑翔，那樣我才能真正感受到那種無聲的融合……

真的好想給牠們掌聲。

雨天

雨天的海灣，染了黃土色，是挖山與倒廢土造成的。

雨天的山頭較少牠們的影子，牠們大都在巢附近的枝上一動也不動地淋著雨。看牠們淋雨是一種淒涼，我在雜貨店的棚下透過二十倍的望遠鏡看牠們，海風吹得我直顫抖，不知牠們此時的感覺如何？牠們在雨中會想些什麼？我只期待雨別再下了，一個年假沒幾個鐘頭不下雨的。

雨稍小點時，牠們會稍稍起身滑行，盤旋一番，好抖落一身的雨水，看牠們一起身，就先把身子用力抖了幾下，感覺是有點冷吧！偶爾，牠們會把握機會交配一次，在雨天，冷冷的，就這麼一次也好。

如果雨一直不停，牠們就一直在那兒，在枯枝上，也不會站到樹叢裡避點雨的，就站著、縮著，在那兒淋雨。

有四隻老鷹就喜歡在雨天站在那特別的枯枝上，那即將被挖山倒土掩埋的枯枝上。牠們站的位置就那麼固定。一月廿五日在雨裡發現牠們，當我驚訝地看到牠們時，我已全然暴露在牠們的眼裡，頓時，我不知該退還是靜止不動；其中一隻起飛，卻又回到同一位置，顯然，在這種雨天，牠們也懶得起飛了，我緩緩側步到山壁邊，讓我與牠們中間隔著一棵即將被推倒的松樹……不經意一抬頭，糟了，一隻大冠鷲在我頭頂約十公尺處，幾乎是停在半空中的看著我，看牠雙翼的條紋，顯然未成年，大概被我嚇著，而我同時也嚇著了，牠不知監視我多久了？不知該低下頭懺悔，還是乾脆就四眼相瞪吧！此時，牠一個轉身，無聲的滑走了，那四隻老鷹仍在那兒。不到兩分鐘後，該牠們緊張了，一隻魚鷹抓著一條魚連著三次向牠們俯衝，硬是趕走了三隻，而第四隻就是不走，魚鷹沒辦法，就與牠同樹不同枝的吃起魚了。在雨天嘛，將就一點，擠一下吧。

二月十一日的下午，我在雨中再去看牠們，仍然四隻，而且在同一枯枝幾乎同一立足點，就像編了號、貼了標籤似的，一隻一個方位，只差不知牠們是否也說好了誰站哪一點。今天，魚鷹也抓了魚來繞了兩圈，雙翼被雨淋得實在不像是翅膀了，但牠仍努力鼓動雙翼，這回，牠沒有趕走老鷹，繞了兩次後，就持續不斷的拍翅飛向遠方另一山谷去了。反倒是我，索性撐著傘走到倒土的前端，就站在那快被土掩沒的松樹旁，隔著小小的山谷望著牠們。我與牠們之間只有雨隔著，牠們縮在那兒，一動也不動；我也縮著身子，身體冷得發抖，心也一片不忍與擔憂：「好冷吧，怎麼一直下雨呢？」而這小小的山谷遲早要被黃土填滿了。

黃昏時刻即將到來，風口的一隻老鷹就飛到這兒，好像要喚起大伙兒該聚會、玩一玩了。山頭好不容易起來三、四隻，就又降落了，牠又飛到另一處較深遠的山谷，一樣的結果，牠們又一次聚不起來了。雨啊！為何這樣落個不停呢？

在雨天的黃昏離開漁村，穿過風口，步步走回文明都市，我卻頻頻回頭，仍抱一絲絲期望，期望牠們再聚一次，雖然，心想不差這一次吧！可是看這怪手挖出的黃土路時，我就會擔心……也許明天牠們就不得不遷移了，也許明天就看不到牠們了。在雨天，總是特別捨不得離開那個海灣。

叉翅、白斑與浪先生——記基隆的一群老鷹之一

叉翅

她很特別。

整個羽翼向內凹得很明顯，而且右翼上有根羽毛翹了起來；另外特別的一點是，整個鷹群裡最常聽到就是她的叫聲。

「叉翅」只是第一次看到她的特徵時想起的名字，雖不美，但名字好不好聽並

叉翅的家。沈振中攝影。

不重要，重要的是，她的許多行為讓我特別注意她，而且不得不先寫她。

春天還沒到，牠們的族群已開始在為繁衍下一代做準備了。小小的一個風口就有三位鷹先生正在築巢，當然，這其中有幸的也有不幸的。最靠近海灣，築巢在極端隱密樹叢裡的艾先生與艾太太（艾音同愛之故）總是同進同出，一塊兒抓枝築巢，一塊兒停枝休息，一塊兒起飛覓食。而築巢在較靠內陸的浪先生就可能要難過些了，因為他喜歡的——叉翅，已名花有主。

叉翅的另一半——郝先生（音同好之故）築的巢正好位於艾先生與浪先生的中間，與浪先生所築的一樣是位在松樹頂叢的分叉枝上；也不知到底是誰先向誰示愛的，發現他們時，叉翅總停棲在郝先生的巢附近，而浪先生則是時常越過叉翅上頭，甚至穿過郝先生的巢所在的松樹叢，這總是引來叉翅一陣又一陣的鳴叫「ㄈㄧˋㄧㄡㄡㄡ」、「ㄈㄧˋㄧㄡㄡㄡ」，尾音「ㄡ」是那樣顫抖著，一副可憐兮兮的樣子，郝先生飛快地，也不知是從哪兒冒出來，一路追趕浪先生，把他趕回自己巢的領空再回來。有時，郝先生到較遠的海面捕食，浪先生就趁虛而入，甚至還「霸王硬上弓」，騎到叉翅背上一副一定要為他生個孩子的姿態，叉翅一陣抗拒後，浪先生跌落，正要起飛時，郝先生已從遙遠的海面趕回——幾乎是衝回來的，一路追趕後，就直接飛回叉翅背上交尾了，好像在宣告「她是我的」。偶爾，他倆還一邊交尾一邊親嘴哩！通常，交尾大概只花兩到三秒，之後郝先生不是停在旁邊整理羽毛，就是又飛到海上去捕魚了。

說起交尾，叉翅這一對曾經一天之內交尾達八次之多。雖然用望遠鏡「偷窺」他們的親密行為是侵犯「隱私權」的，但每次他們一交尾就「ㄈㄧㄈㄧㄈㄧ」地叫起來，也怪不得我要注意了。隔壁的艾家也頂多一天兩次而已，這種高頻率的交配次數顯然快生蛋了，於是，我興奮地期待著叉翅進巢孵蛋的時刻，哪曉得一月廿七日交配八次，二月一日七次，二月八日五次，卻仍未有進巢孵蛋的跡象。這可

白斑的家。沈振中攝影。

怪了……該不會是「不孕症」吧？

再說，這浪先生，他仍是不死心，大概抱定「鐵杵磨成繡花針」的決心，再接再厲，總有贏得美「鷹」心的一天。就在一月廿七日那天，他還真的差點就成功了，事情經過是這樣的……

那天是大好的晴天，沒什麼風。浪先生看準叉翅的先生不在，就大膽地抓了一根樹枝，故意越過叉翅的上頭；而那天，叉翅也滿奇怪的，自己的樹不停，卻停到這靠近浪先生家的枯樹上來，不知她在打什麼主意，會不會被打動了？話說那浪先生抓著樹枝越過叉翅上頭，進入自己的巢，彷彿在告訴叉翅：「這是為妳築的。」然後由巢飛出，就直接騎到叉翅背上，叉翅一陣抗拒後，郝先生又不知從哪兒飛來，直接騎到她身上，這時浪先生已飛到上空盤旋，等叉翅先生一不見，他又騎上叉翅兩次；叉翅乾脆飛回自己的樹林去了。

接著，叉翅他小倆口在半個鐘頭內交尾了三次，而浪先生則是從空中俯衝而下地干擾了兩次。二十分鐘的安靜時刻之後，叉翅又回到那靠近浪先生的枯樹上，浪先生展開另一種求偶方式，他不直接騎到叉翅背上了，反而停在她身邊不到半公尺處，叉翅低低地伸長頸子朝他衝去，浪先生起飛，沒一分鐘，又回來，連著三次，都被叉翅趕走了。接著，浪先生又使出第三種求愛方式，他飛回自己的巢抓出一條顯然已乾了的魚，又飛到叉翅身邊，想當然爾，一樣被趕，連續五次之後，奇怪的事發生了，叉翅沒有趕浪先生走。我透過二十倍的單筒望遠鏡，幾乎是屏住呼吸地看著這令我不敢相信的事——叉翅斜斜地背著浪先生，頭、頸往下伸，身體傾向下，然後把頭轉上來，身體跟著扭過來傾向上，再把頭稍稍地歪向浪先生那兒，向著他爪下的魚，停止一秒，頭轉回，向前伸、低頭，接著……

天啊！看到這一幕，我幾乎要叫出來……叉翅竟然往浪先生那兒靠過去，頭仍低低的沒有正視浪先生，左爪卻往左横跨一步，右爪靠上去，左爪再一横步，右爪又靠上，一共四步，然後把頭低低地伸向浪先生爪下的那條魚……哇！這不是偷腥嗎？且慢，就在那一剎那，浪先生飛了起來，夾著魚飛走了，這下，我可愣住了，這是什麼意思，我怎麼一點都看不懂？浪先生到底在打什麼主意？叉翅真的是為了一條魚就要變心了嗎？就在這個時候，天空一陣熱鬧，一隻魚鷹及一隻不停在鳴叫的大冠鷲飛過，我本能地起身查看一番，弄清楚牠們只是路過，魚鷹抓到一條魚，正要去牠那老地方吃魚，而大冠鷲也不過是正要回牠的窩罷了；待我落定身子，一看，糟了，這大自然導的一手好戲，竟然「蒙太奇」地把最精彩的一段給「蒙」過去了！叉翅已經在吃浪先生的魚，而那浪先生就停在旁邊另一較高的枯枝上，正得意地整理羽毛，並不時看著叉翅……

大自然也真奧妙，不該看的，就是不給我看到。我也怪不了誰，只能繼續看下去。五分鐘後，叉翅吃完了魚，在枝幹上擦嘴，擦完一邊，換另一邊，然後就「ㄈㄧˋㄧㄡㄡㄡㄡ」地叫了起來，也不知是在叫她先生，還是在求偶。那浪先生八成以為叉翅答應了，就一個縱身飛騎到她背上；哪知叉翅仍是一陣抗拒，又把他給拒絕了……唉！可憐的浪先生，叉翅大概只是餓了，要他的魚而已。

叉翅就是如此令人搞不清楚她到底是一隻什麼樣的鷹小姐，據我多日密集的觀察，叉翅甚少抓枝築巢，也甚少出海捕魚；她吃的魚或其他食物都是郝先生抓回來的。而郝先生真是太好了，找到食物，總是停到叉翅旁，而叉翅就是那個低低的姿勢，低頭横步就咬過來吃了。

雖說叉翅甚少築巢，倒是在二月八日那天，她特別動勞。連續下了三天雨之後，他倆從上午九點到中午十二點半，一共抓枝入巢廿一次，其中叉翅就占了十三次，非常地反常，該不會是要生蛋了吧！其實，我滿希望叉翅趕快生，趕快進巢孵蛋，這樣一來，浪先生大概才會去找其他的對象，不過我倒也擔心，在不斷的騷擾下，叉翅受孕的機會能有多大。

叉翅與白斑

二月十四日上午八時三十分，浪先生活動的區域（以下簡稱C區）出現另一隻老鷹，依特徵看，不太像是叉翅，我心裡一陣高興，太棒了，浪先生，終於找到伴了！我立即決定轉移觀察地點，由郝先生這區（B區）移到C區對面的一個小山頭上，在那兒我可看到浪先生及C區的整個活動狀況。

九點左右，確定這新出現的老鷹在停棲時，左翼及右翼各有一不明顯的白斑，大多時候只能看到其中之一（我把她叫白斑），這下更好了，我可清楚誰是誰了。

九點廿五分，浪先生騎上白斑，那種交配動作讓我肯定浪先生結婚了，就這樣，那天整個上午，浪先生與白斑一共進巢二十次，白斑當然也抓枝入巢，雖然很明顯地，她可能是第一回當太太，不太會抓枝的樣子，但仍努力地與浪先生共築愛的小屋；而浪先生，也不知是新婚太高興了，還是趁難得的好天氣，就在一個上午，九點至十二點之間，與白斑交配了九次之多，等於締造了這風口的最高紀錄。白斑是隻滿會叫的老鷹，一個上午叫了十二次之多，且她好像不太滿意浪先生的築巢方式，總是搶去浪先生抓來的樹枝自己築，還頻頻鬥浪先生的嘴，好像告訴他：「還是讓我來吧！」無論如何，看到他倆這些舉止我放心多了，三個巢各有各的男主人與女主人，不會再有第三者介入叉翅與郝先生，可是大自然似乎不想讓我有片刻鬆懈的機會，待我正想鬆口氣、伸個懶腰……

哈！十二點二十分，B區與C區的戰爭開始了。

一整個上午不見蹤影的叉翅突然飛來C區，並不停地鳴叫「ㄈㄧˋㄧㄡㄡㄡ

ㄡ」、「ㄈㄧˋㄧㄡㄡㄡㄡ」，白斑飛快俯衝攻向叉翅，叉翅停在C區稍下方的樹枝上，左右閃躲，沒有回擊，但郝先生趕來回擊白斑，浪先生不甘示弱也加入來驅趕郝先生，於是戰場一分為二，兩位先生殺到空中、山頭，相撲、翻身，小姐則一俯衝一閃躲。叉翅總是趁白斑上升，準備另一次俯衝之際，迅速鼓翼逐樹往浪先生的巢移動，而白斑則是愈攻愈猛，當叉翅就快飛到巢下時，在空中就已被白斑抓落片片白羽，此時郝先生從空中衝下來趕白斑，而叉翅就趁這一空隙飛入浪先生的巢裡。

我毫無時間思考，叉翅已一邊鳴叫，一邊咬起一團白色物（像是人類的廢布），又一口咬起一團細草，顯然在破壞浪先生的巢，我不明瞭她這個舉動的目的。待叉翅飛出，空中戰鬥仍舊持續，此時，已搞不清楚誰在鬥誰了。

短短十分鐘，我看到這不可思議的變化，這是「鬧洞房」的遊戲嗎？還是「報復」的手段？白斑已不知到哪兒去了。才當新娘沒多久，八成是嚇壞了。唉！浪先生又得過單身生活了（好戲還在後頭）。

下午十三時十分，叉翅又逐樹往浪先生的巢移動，並不停鳴叫；浪先生正停在C區較高位的樹枝上整羽，當叉翅就快到浪先生停的樹時，突然一轉身，咬了一團草就急急回B區了，真搞不懂她。

十三時三十分，浪先生咬草越過B區，回自己的巢，然後咬食物出來吃，似乎在讓叉翅知道他有好吃的。

十三時三十八分，叉翅又來C區，趁浪先生不在，自己二度進入浪先生的巢，這回，她沒翻東翻西，卻一邊看一邊叫，那種聲音不太尋常，好像是找不到食物的樣子。

十四時廿四分，叉翅又來C區，浪先生抓了一隻蛙停在她上方的枝上，叉翅竟然飛上去，老樣子，一步一步靠近，然後就狠狠地從浪先生爪下將蛙搶去，自己就在那兒吃起來了。浪先生踩得滿緊的，仍硬是給她搶去，浪先生只能站在一旁看叉翅一口一口地吃。

十四時四十分，叉翅吃完也擦完嘴後，回自己的樹林了，叉翅再次只是要浪先生的美食而已。

黃昏時候，叉翅連著兩次待在自己的巢內整枝超過廿五分鐘，太美了，她大概決定要生了。

可惜，我又猜錯了，二月十六日，事情又有變化。那天上午，我在B區觀察。

九點四十分，叉翅不知從哪兒弄來一隻老鼠正在享受（先咬掉鼠毛再吃），以她的技術實在不可能是自己抓的，而她先生大都只抓魚，更可疑的是，她是從C區飛回來的。

十點，郝先生靠近叉翅，叉翅不好意思地低頭傾下身移步到他身旁，採低姿勢地站在郝先生旁邊（是否在懺悔又去偷腥了？），郝先生沒理她，一個縱身，停到老鼠上，咬了一口……我一分心，再看時，老鼠已不在樹枝上了，大概被郝先生踢下枝去了。

十點二十分，叉翅快速俯衝至C區，不到十五分鐘，她卻尖叫著由C區衝回B區（那種尖叫聲如「ㄈㄧ ㄈㄧ」，卻更尖細、更短促），不到十分鐘後又去C區。

十點四十八分，叉翅抓了一個不明的食物回B區進食。

十一點，叉翅吃完了，又去C區……那邊似乎有好戲可看。這下，我趕到C區的小山頭上看個究竟。

十二點，叉翅又到C區，浪先生回巢抓了老鼠給叉翅吃。

十二點十八分，叉翅吃完了，又老樣子，回自己的樹林了。

十二點廿五分，一個大轉變——

浪先生咬枝到自己巢邊，卻沒進巢，接著，咬著枝繞過B區再回C區。叉翅也跟至C區……浪先生與她交配……天啊！叉翅竟然沒拒絕！十二點卅五分再一次。十二點四十八分，又一個大發現，浪先生抓枝停巢邊，沒有進巢就飛到叉翅旁，停幾秒後再回巢，這似乎是在告訴叉翅要結婚，就要先一起抓枝築巢，結果叉翅真的進巢與浪先生一起整枝築巢了。

郝先生孤零零地一個在B區，似乎看淡了這一切，也沒來干涉。那天下午兩個鐘頭內，浪先生與叉翅共交配了五次，下午兩點，下雨了，叉翅仍與浪先生在同一枝上，叉翅不停鳴叫（我猜想——她是很貪吃的），郝先生仍是孤零零的一個，叉翅只為了有鼠、有蛙這種多變化的食物就要改嫁嗎？

二月十八日再看到白斑，我心想隔了一天，叉翅該回心轉意了。白斑仍與浪先生努力築巢，她抓枝工夫並沒多大進步，卻真的努力要成家。倒是叉翅又來了。

八點四十分至九點三十分，白斑與浪先生享受不到一個鐘頭的婚姻生活，叉翅再度來C區，而郝先生來她旁邊停一下就又回B區了。白斑一個俯衝，叉翅急忙躲入較密的樹枝下，郝先生從B區飛來，到B、C區交界處即又折回，他大概不想插手，或者他想讓白斑好好地懲罰一下叉翅。

叉翅一起飛，白斑就攻來，叉翅再躲入密枝下，如此共三次，這回叉翅沒進到浪先生的巢，被白斑攻得只能飛回B區。此時是十點。

才七分鐘後，叉翅又來C區，郝先生隨後停到她身旁，然後回B區，叉翅也跟著回去了。（怎麼聽話了？）

十一點四十分，叉翅又到C區，浪先生與她交配，叉翅又沒拒絕，之後浪先生移到另一枝上，叉翅也跟至其下，並不停轉動、鳴叫，似乎在哀求什麼，（食物嗎？）天空有老鷹在盤旋，叉翅不斷鳴叫：「ㄈㄧˋㄧㄡㄡㄡㄡ」，浪先生只是側頭往上瞧瞧，他不像郝先生那樣，會馬上起飛去趕入侵者；叉翅持續鳴叫，見浪先生仍沒反應，叉翅就又回B區去了。郝先生隨後靠近叉翅，沒做什麼，只是站在她身邊。（有意思！他只能給妳好吃的，我卻能給妳安全。）

十二點廿六分，叉翅又來C區，白斑在她上方的枝上，浪先生在巢裡，七分鐘後，白斑離開（大概不想玩這種多角關係的遊戲了）。然後叉翅飛回B區卻沒有停枝，直接繞回，進入浪先生的巢。（實在不懂她繞這一圈的意思）接著，浪先生離開巢，叉翅緊跟著抓食物在巢邊吃起來了。

下午，下起大雨，叉翅在C區與浪先生在同一枝上，而郝先生再度孤零零地一個。

叉翅生蛋了

二月廿五日。叉翅與浪先生交配九次，與郝先生交配五次，而且在一個上午還進入浪先生的巢四次，甚至在他的巢邊進食，想來該是要為浪先生生蛋的，但是……

黃昏的時候，叉翅在巢內有轉身、翻蛋的動作，而且巢中一直維持一隻鷹蹲伏的狀況，當郝先生入巢時，叉翅就出巢；當叉翅入巢時，郝先生就出巢。天黑前，郝先生抓食物入巢，叉翅咬著食物到外頭進食；六分鐘後，叉翅吃完後，郝先生便出巢站在枝上，發出輕聲的：「ㄈㄧ ㄧ」，叉翅聞聲即由C區飛至他身旁，郝先生跳上背部交配後，叉翅即入巢蹲伏，多美的交班方式啊！

叉翅確定是為郝先生生蛋了……

而浪先生仍然時常越過B區。若當時是郝先生在孵蛋，他不會飛出來驅趕，而是在巢內發出尖銳、急促的：「ㄈㄧˋ．ㄜ．ㄜ，ㄈㄧˋ．ㄜ．ㄜ」。

二月廿九日，我仔細記下叉翅與郝先生的孵蛋時間，他們如何換班及誰負責捕食、警戒。從上午七點至下午五點半，叉翅與郝先生各入巢十一次，郝先生共待在巢內一百四十六分鐘，平均一次十三分鐘，由六分至廿五分不等。

叉翅則總共停留四百四十二分鐘，平均一次四十分鐘，由七至六十三分鐘不等，顯然，叉翅負責主要的孵蛋工作。

今天，叉翅共進食六次，都是由郝先生抓來的。「男主外，女主內」似乎也在鷹界裡流行著。

他們倒沒有特定的換班儀式。一大早，郝先生有兩次是咬著樹枝入巢來表示要換班，之後，有三次是郝先生從海上抓食物入巢，叉翅咬著食物出巢。另有三次是郝先生抓食物停枝正要吃，叉翅即匆匆出巢停在他身邊搶去食物，郝先生也不敢搶回來（男生怕女生嗎？）就乖乖進巢接替孵蛋的工作。通常，叉翅吃完或休息夠了，就會自動回巢，但有三次卻是郝先生出巢與她交配後，她才回巢。

一整天看著他們忙著孵蛋，心裡一陣一陣地欣慰，觀察了一個多月，終於有了確實的「結果」。然而，除了浪先生仍持續來騷擾外，身為鄰居的艾家也來湊熱鬧，有事沒事就來晃一圈，害得郝先生要找食物，又要孵蛋讓叉翅休息，還得忙著應付這腹背夾攻的騷擾，真擔心他精神、體力會負擔太重。也許正因為如此，今天叉翅一出巢就往C區飛，他也只好由她了，反正浪先生會供她吃，一個丈夫、一個情人，她該清楚吧。

三月三日，雨天裡，叉翅孵蛋的時間最長曾達到二百四十七分鐘，中間只出來整羽一下子，又回巢，如果把這出來整羽也算中斷一次的話，她今天從九點三十分至十七點三十分共入巢四次，計四百零六分鐘，平均一次一百零一分鐘，最短廿七分鐘，最長一百一十四分鐘；而郝先生入巢三次，總計四十四分鐘，平均不過十四點六分鐘。

不知他們是否為了避免讓蛋淋到雨，而特別延長孵蛋的時間、減少換班次數，這似乎只有他們知道吧！

浪先生與艾家仍偶爾來騷擾。浪先生是為了追求叉翅，至於艾家這一對夫妻，不好好準備生蛋，卻來鬧事，就令我搞不懂了。他倆到底在打什麼主意？是要研究一下巢的結構——怎麼別家那麼快就生了？還是嫉妒了，要干擾郝家使他們孵不出孩子？往後，三十多天孵蛋的日子，再三十多天幼鳥長大到能飛的日子，恐怕也要在這百般騷擾下度過吧？

我不禁心想，臺灣老鷹數目逐漸減少，這會不會也是原因之一？

叉翅落難

三月八日，雨天。一大早，叉翅淋著雨，連著孵蛋超過兩個鐘頭，十點三十分交班後，這一整天，叉翅就再也沒回巢了。

交班後，叉翅一如往常往C區飛去，此時，她已是鼓翼吃力了。短短三十分鐘之內，卻匆忙來去兩次，很急迫地來去。第三次再回來時，叉翅竟然沒回自己的樹林，她飛到接近馬路的樹枝上；我以為她要放婦女節假日……（此時郝先生已孵蛋近一個鐘頭），但用四十倍鏡頭一看，她在樹枝上不斷轉換方向，感覺到她是不知要怎麼飛回去了，我看著叉翅不知所措的眼神，一種不祥之感在心中升起，這是最後一次見到她了嗎？會因為孵蛋太累了，又淋雨……回不去了嗎？

曾聽漁村小孩說，以前沙灘上曾看到死掉的老鷹，心想，每年都有這樣的事在發生嗎？而這一回輪到叉翅了嗎？

叉翅轉來轉去，終於飛起來了，但，她卻飛到另一邊更接近馬路的林裡，不停地鳴叫，我試著去找她，可是沒找著，而郝先生在下午三點也發覺情況不對勁，到那林區盤旋了幾次。

雖然我有不祥的感覺，但我相信郝先生會找到叉翅，並抓食物給她吃，讓她恢復元氣，再飛回巢繼續孵蛋。

在找叉翅的時候，一位釣客與我聊了一陣子，沒想到，因為他，叉翅的生命歷程裡多了一種全新的經驗。

三月十日，下雨。我反常地該去卻沒去海灣觀察。中午，那位釣客——陳萬成打電話給我，說他在海灣的沙灘上看到一隻狼犬在追一隻飛不起來的老鷹，他救起老鷹後，帶回家用吹風機將淋溼的雙翅吹乾，並餵了牠五條魚。

他想起那天與我一起談老鷹，知道我在觀察牠們，就決定要送來讓我暫時養護，等天氣好時再放走。依他的描述，我直覺想到是叉翅。心中一陣擔心，卻又感到實在太巧了。三月八日沒找到她，卻經由一面之緣的釣客救起再轉來給我……

（大自然安排這樣的事情是否也有意義在？）

打電話問過鳥會該如何處理之後，傍晚時分，我從臺北坐汽車來德育，一眼看到她就確認沒錯；從體色，尤其是三月八日才仔細看到的「眼神」，是叉翅沒錯。

釣客留下十多條她吃過的小魚，也把籠子留下來，我除了說謝謝，實在不知還能做什麼？

叉翅急著要出來，用雨衣蓋住籠子後，她稍微安靜了下來。她大概要回去孵蛋，所以只要一見光，就拍動雙翼，直往籠子衝，真擔心她的羽毛會因此折損不少，以後放回去時，她還能飛嗎？我心裡只求趕快天晴吧！

晚上離開學校時，餵她吃魚，她都不理睬。掀開雨衣一角，就看她由站姿改成趴姿（像狗那種趴法，嘴也靠著厚紙板），眼睛無辜地看著我，看著她那種表情，真的是「可憐樣」，好像在求什麼似的。

三月十一日，叉翅被移到一個安靜、沒有人會進出的房間裡，一個上午餵她，也都不吃，似乎因為想家而沒有食慾了，不過她仍試著要衝出來，偶爾也會用「趴姿」看我……此時覺得她實在……不知該如何形容，女人嬌吧？難怪同時會有兩隻鷹先生愛上她。

下午，接受鳥會的建議，改用豬肉試試看，我便向廚房要了點豬肉，切一小片，用筷子在叉翅眼前晃一晃，她一口就咬去，但沒吞下，鳥會的負責人曾說猛禽不太會在「人」前進食，於是我就把雨衣蓋起來，一分鐘後再打開，哈！太好了，她終於吃了！

叉翅喜歡吃豬肉。臧保琦攝影。

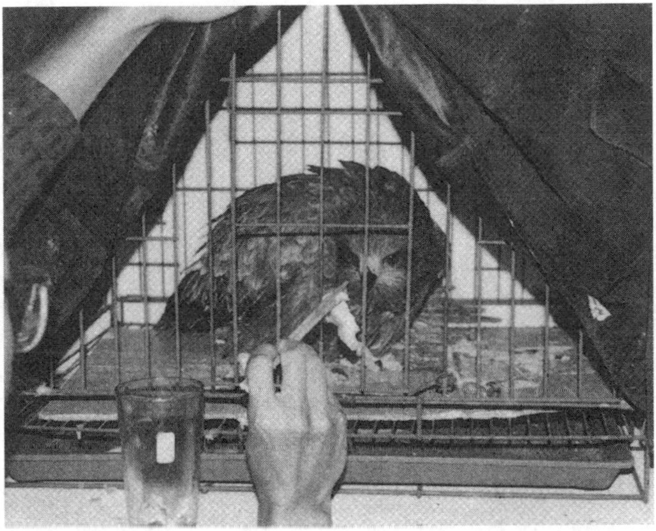

我就在叉翅眼前切一塊、夾一塊給她；她就那樣站著，身體下傾，看著我的一舉一動，我一夾進去，馬上一口吞入，大概喜歡豬肉的味道，一連六、七塊，豬肉很快就被她吃完了，明天再吃吧！

那樣近的「眼神」，叉翅在三月八日那天的無助神情再度浮上我心頭。在那一、兩天之內，朋友放了一張剪報在我桌上，是海灣的開發計畫，從八十一年至八十六年分三期開發。包括登山步道、滑草、攀岩、纜車、露營、烤肉等，預計八十五年時旅遊人次達七十七萬餘人，看到那一張剪報，只能用「心驚」來形容。

為叉翅繫腳環。臧保琦攝影。

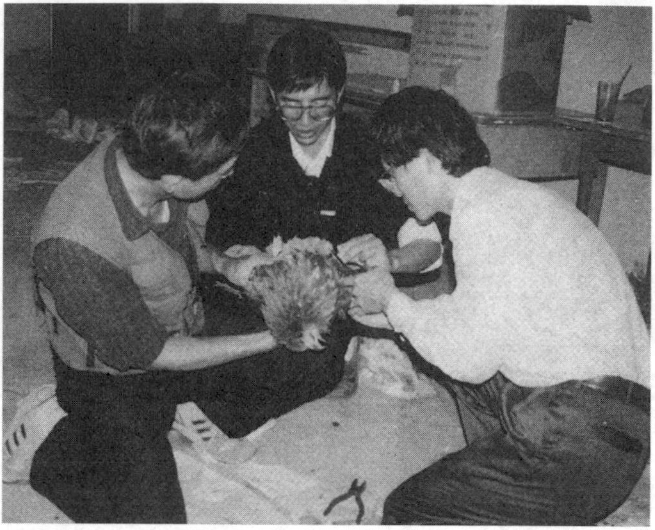

一來，那剪報幾乎與叉翅同時到達我身邊；二來，開發的結果必然是「自然景觀」變成「人為景觀」。到那時，海灣的老鷹、大冠鷲、魚鷹等大大小小四十多種鳥類，以及未經調查的其他生物將何去何從？叉翅是大自然派來向我求救的嗎？先救叉翅吧！趕快放晴吧！我無法想那麼多！

三月十二日，叉翅吃了約十片豬肉，上午、下午分兩次吃。叉翅的兩翼及尾羽已折斷了幾根羽毛，要飛恐怕是一件難事。今天，她大都站著，只要掀起雨衣一角，她就要衝，顯然離開蛋太久了，母性的本能在呼喚著叉翅，而我只能輕輕發出：「噓！

為叉翅測羽色。臧保琦攝影。

噓！」來安撫叉翅。

三月十三日，天氣放晴。聯絡鳥會的負責人趕緊來量取一些基本資料，套腳環——色環（以利空中辨識），我希望今天就放了。叉翅安靜得出乎意料，讓我抱著她，又讓兩位有經驗的「鳥人」為她做一些測量，據野放過不少猛禽的莊永泓說：「叉翅實在『乖』得不像猛禽。」也許她知道今天要回家了，也許她第一次接觸那麼多「人類」……，又東量西量的，叉翅一時不知道該怎麼辦，就雙爪抓緊，兩眼一翻，頭一垂（有點像裝死），在我們人類看來是溫馴，在她心裡卻不知是何滋味？這些對她都是第一次，「關」在籠子裡，有「人」餵她，幫她「吹風」、「拍照」、「量」喙長、趾長、翼長、測羽色……不知她的感受如何？

黃昏時刻，小山頭上。籠子裡的叉翅已聽到同類的特有鳴叫，她開始不安。郝先生在B區的枝上，浪先生與白斑在C區，當天空出現其他老鷹時，我們打開籠子，她用力鼓動雙翼，原擔心叉翅飛不起來的莊永泓，這時大聲地喊道：「她飛了！」

曾想過，她要回去情人——浪先生，或丈夫——郝先生身邊？結果，都不是。尾羽不靈光，方向轉錯，叉翅竟然轉往內陸方向飛去，吃力地拍翅，浪先生與白斑突然「ㄈㄧˋ．ㄜ．ㄜ」地發出警告聲，俯衝向她飛來，叉翅一急就衝入相思林裡，一個沒站好，整個身體翻轉下來，像蝙蝠那樣，面朝樹林外緣倒掛著。白斑、浪先生一邊叫，一邊在林上俯衝，浪先生不認得叉翅了？曾經那樣熱烈追求過，現在竟然如此對待。而郝先生在較遠的B區，根本不知妻子已回來風口了……

叉翅倒掛著，不斷想法子想看清四周的環境，她應該記得這地方的，一個故意摔落，她仍吃力地鼓動雙翼，才飛出相思林就又折回林內。那兒離產業道路很近，猛禽負責人林文宏擔心地叫出：「太靠近馬路，會被人撿去！」我們透過望遠鏡看著她重返自然，卻不能再插手，就如林文宏所說：「她原就屬於大自然，就讓大自然為她療傷吧！」浪先生停在叉翅最後進去的林邊枯枝上，一直看著林內，他似乎想起那是叉翅了，他沒再發出警告聲，白斑也回C區了。

浪先生會再抓食物來給她嗎？郝先生會聽到她特別的鳴叫聲：「ㄈㄧˋㄡ～」而來幫助她復元嗎？我期望看到老鷹的友情、愛情救出叉翅，可是三月十三日，正好是黑色星期五，那是最後一次見到叉翅。我永遠無法忘記她特有的「雙翅」、「鳴叫」、那「倒掛」的姿勢、被我抱著時的「乖」樣……那樣近距離看到的「求助眼神」以及她與郝先生、浪先生之間種種老鷹的故事。

三月十五日，《聯合報》「北部要聞」的頭條新聞，刊登叉翅這最後幾天的生命歷程。她的名字、她的鷹姿將永遠地留在「人類」的文明史裡。

我沒有去林裡找叉翅的屍體，她本就該完整地屬於大自然。

白斑與浪先生

二月十八日，白斑當著浪先生及叉翅的面離開C區，顯然是氣走的。一直到三月十三日放生叉翅那天才再看到她。

在經過叉翅連續幾日不在的情形下，白斑與浪先生的感情似乎很濃密，當在小山頭把叉翅放回山林時，她竟然與浪先生聯手對叉翅發出尖銳的警告聲。

三月十四日，白斑與浪先生一共交配十次。

三月廿四日，他倆在九點廿一分到九點五十八分之內交配了四次，浪先生大概急著要有孩子了。

三月廿八日，陰雨天，一大早，我才在小山頭就位，不到半個鐘頭，浪先生就來警告我兩次，俯衝下來時，我都可聽到他那雙翼與空氣摩擦所產生的「ㄏㄨ～」聲，並同時發出：「ㄈㄧˋ·ㄜ·ㄜ」之尖銳聲，原來，白斑已在孵蛋了。

如果叉翅仍在，幼鷹該已孵出了，我現在等於從頭觀察老鷹的孵蛋行為。他倆第一次交班也滿類似郝先生與叉翅那樣，浪先生亦咬了枝入巢，可是，這一整天也僅此一次。今天記錄到白斑入巢四次，共一百七十八分鐘，而浪先生僅入巢一次，五分鐘。他倆還有一個有趣的現象——曾經四次讓巢空著，總共六十二分鐘；不是一起來警告我，就是浪先生一發出警告聲，白斑就從巢裡衝出，一起去攻擊大冠鷲，此時的大冠鷲正忙著找合適的樹要築巢，哪管他們；等他們一回去，大冠鷲就回來。其實，大冠鷲所在位置離C區還有一段距離。真不明白，浪先生到底要多大的領域？即使我在離他們兩百多公尺遠的山頭上，只是稍微站起來活動一下，他就像炸彈似的，飛快到達我頭頂不到三公尺處，有時更近，使我不得不彎下身，甚至趴下去，不然準會被抓去一塊頭皮。

浪先生實在太盡職，但，警戒區也未免太大了。

三月廿九日，雨天裡，白斑竟然連續孵蛋四小時廿五分鐘，休息十二分鐘後又繼續六十四分鐘，再休息二十分鐘，今天巢沒空過。而浪先生也只是孵蛋卅二分鐘，他仍是到處巡邏，今天共攻擊我六次。看他從高空縮緊兩翼，四十五度角衝向我，感覺像是非殺了我不可的架勢。

下午一點多，浪先生抓了一塊像是麵包的食物到巢邊，白斑在他還未落定前已起身走到巢邊，一口正要咬起那麵包，哪知，一不小心，沒咬好……兩隻鷹就同時低下頭看著那食物掉下去了，那畫面實在有趣。（他倆的心情一定不一樣吧！）接著，白斑轉過頭來親了親浪先生的嘴，好像在說沒關係，又好似說：「怎麼不等我咬住再鬆爪呢？」白斑飛到枯枝上，而浪先生則一臉無辜樣，跳進巢孵蛋了。

白斑飛到枯枝後，就在枝上東啄西啄，也不知她在啄什麼？就是看到她有東西吃，一會兒細細長長的，像是腸子般的食物，可能是平常吃剩的，也可能是樹縫裡的蟲吧！一會兒在枝上啄一兩下就吃進去了，不會是新葉吧？

後來幾天，春雨不斷，好不容易四月三日、四月五日天氣稍好，才能繼續觀察他們，浪先生咬草入巢交班四次，而白斑倒是滿可愛的，一飛出巢就盤旋、俯衝，以免因長期蹲伏而致飛行能力、體力減低，這點，她似乎比叉翅聰明多了。

白斑偶爾盤旋五分、八分，甚至更短——一分鐘，便回巢親親浪先生的嘴，就這樣交班了。看著他們，頓時覺得人類的語言在此時都是多餘的。

但，有時白斑在外頭休息太久，譬如超過四十分鐘，浪先生就會自己出巢，與白斑交配一下後，白斑才又回巢孵蛋，這點倒是與郝先生、叉翅滿像的。

這兩天浪先生又警告我六次之多，看來他準是把我看成會隨時飛到巢邊的另一種野生生物了，不知浪先生何時才會了解我這麼辛苦記錄他們，無非是要讓更多人了解、關心，以至於保護他們。

人要與野生生物重新相互迎接、擁抱，真那麼難嗎？我每次都是同樣的裝扮，他總該知道我毫無惡意吧！想起珍．古德在一個山頭讓黑猩猩熟悉她，十八個月後，黑猩猩才「讓」她靜靜地坐在牠們附近……看來，我還要在小山頭待上一段滿長的日子！

唉！浪先生，你何時才能「接受」我呢？

四月七日。才說他總該知道我的，今日他真的認出我來了，但帶給我的卻是惡夢……

一早七點未到，我走上通往風口的產業道路，浪先生從遠遠的C區向我俯衝，就在馬路上，一連四次。天啊！他今天怎麼了，馬路也算做他的領域嗎？一輪猛攻，嚇得我慌忙趴在路邊的草堆裡。一爬起沒走幾步路，他又來了！我提心吊膽地走上風口，正要踏上小山頭的山路，他像影子般，又到了，這回，我連跑帶滑躲到一棵大樹下面，他仍不死心，一直在上頭盤旋，待我確定他已回到C區的枯枝上（用望遠鏡才看得到），正要離開大樹，才跨出一步，他已飛快地俯衝而至，我又滑下樹幹旁，心想：「他不是受了什麼刺激，就是真的認得出我的服裝，要阻止我上山頭。」我心一橫，就從山另一邊的樹林鑽上小山頭，躲在芒草堆裡，背後還有一棵相思樹。我想，他大概沒察覺，才剛坐定，他又凌空而至。

平常上小山頭，只需五分鐘不到，今天又閃又躲，最後還自己開路上山，共用了一個鐘頭，他真的警戒過頭，八成把我當小雞了。

好吧！要玩就來玩吧！把雨傘打開，待他再來時，就把傘拿起來，至少看起來像比他的翅膀還大……果然有效！一整天下來，雖然仍會越過小山頭，但至少不敢再太靠近了。

我仍十分小心，走動的時候依然把傘帶著。有一回，為了看遠方的灰面鷲，忘了拿傘，才走到山頭無遮蔽的一角，他又「ㄏㄨ～」地越過頭頂，今天觀察他與白斑，就在這種提心吊膽的緊張氣氛下進行著。

浪先生仍會咬草入巢準備換班，可是有時白斑還想繼續孵蛋，便會親親他的嘴，浪先生也就看一看，便出巢了。

他們交班的動作不太一樣，白斑會直接入巢把浪先生擠出巢，而浪先生入巢則是等白斑離巢飛走後，才看看巢內狀況，慢條斯理地進去孵蛋，似乎不太情願的樣子。他今天總共只孵卵七十九分鐘，最久一次六十三分鐘，白斑則是四百一十分鐘，最久一次一百零九分鐘。

白斑出巢就趕緊盤旋，抖動全身一下，再俯衝兩、三下，偶爾還一邊盤旋一邊用右爪搔搔嘴、臉……還有兩次，才飛離巢不遠，就「噗」的一聲，在空中大便了，大便不是散開，就是一條線掉落下面的樹林。

他倆還一有空就分別與艾家聯手襲擊郝先生，有時三隻騷擾一隻，甚至侵入郝先生的巢咬出白布，實在太過分了！艾家還常常侵占B區的樹林，似乎想霸占郝先生的巢；雖是會聯手騷擾郝先生，但一旦艾家越過B區到C區領空，浪先生仍是毫不客氣，照樣警告、攻擊，而浪先生若飛到艾家的領空也照樣被驅趕，實在是壁壘分明，但有時卻又看到他們一群五、六隻一起盤旋、滑翔，真搞不懂。

攻擊與看熱鬧

從二月十四日，白斑對叉翅展開猛烈攻擊後，整整兩個月才再度看到她「凶猛」的一面。

四月十四日，晴天。很熱的日子，中午還出現「日暈」。今天白斑孵蛋四百六十一分鐘，最長一次高達一百八十一分；浪先生只孵蛋四十一分鐘。但，他們的巢在下午曾陸續空巢達一百分鐘之久，因為……

艾家、郝家、浪家相關位置圖。

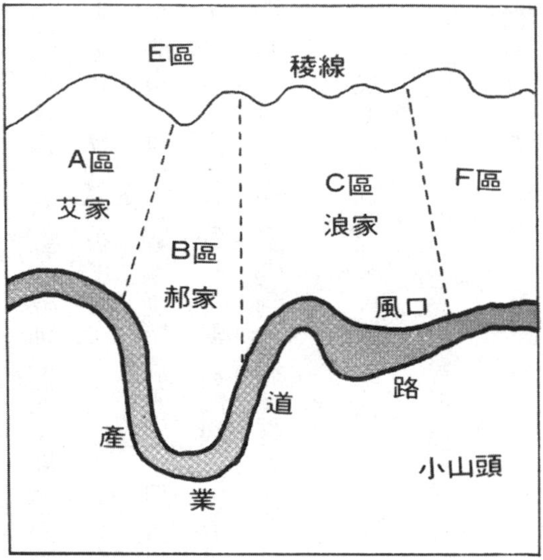

先從中午十二點五十分開始說起：白斑正在孵蛋，見浪先生回來，就自己出巢停到浪先生身旁，浪先生接著入巢接替孵蛋。才一分鐘不到，浪先生就「ㄈㄧˋ．ㄜ．ㄜ」、「ㄈㄧˋ．ㄜ．ㄜ」地衝出巢，白斑也起飛跟著「ㄈㄧˋ．ㄜ．ㄜ」地叫起來，我東看西看就是找不到有什麼大型鳥類侵入C區。等到他倆一邊盤旋一邊「ㄈㄧˋ．ㄜ．ㄜ」地到達C區與F區的交界處時（見圖），我才發現有一隻蜂鷹沿著F區的山壁正滑向風口，這隻蜂鷹大概正過境臺灣，可能第一回來風口，一看有兩隻老鷹朝牠撲來，慌忙一轉身，躲入靠近山頭的相思林裡。隨後白斑自己回巢，浪先生則持續盤旋，巡視了約六次才折回。

接著十三點十三分，浪先生再度「ㄈㄧˋ・ㄜ・ㄜ」地起飛，A區的艾家也盤旋而上，原來，一隻大冠鷲正由E區滑到風口。艾家雙鷹與浪先生聯手攻擊那隻大冠鷲，可憐的大冠鷲一急就一個翻身衝到C區的林裡，這下更慘了，牠停的位置正好是浪先生與白斑經常停的兩棵枯樹中間，白斑從巢裡飛快地又叫又衝地撲向大冠鷲躲的樹林，就這樣，一百五十分鐘熱烈的待客儀式開始了。

白斑與浪先生就在那兩棵枯樹間不斷發出警告聲，並朝大冠鷲躲的樹林俯衝、拉起、再俯衝。這之間，浪先生常會停在其中一棵枯樹上，往下看一看，叫一叫，不知是他比較懶，還是他了解如此不斷俯衝是趕不走大冠鷲的？大冠鷲就躲在林裡，用望遠鏡可以看到牠不斷轉頭注意從不同方向來的俯衝，白斑沒有停止地又叫又衝，叫得有點沙啞了，偶爾停到浪先生旁，浪先生就趕緊再俯衝一次，又停到枝上。

十三點廿四分。風口上方陸續聚來五隻老鷹，牠們高高在上，一邊盤旋，一邊看下方的攻擊，偶爾也輪流自己捉對追逐一下。有點像人類的小孩子，一邊看野臺戲，一邊追打著玩。牠們滿像中國人的，也愛湊熱鬧？

十三點三十分，白斑與浪先生盤旋而上，大概去說明發生了什麼事？一下子又下來繼續攻擊。白斑仍不停止地叫、衝，浪先生則一樣叫一下，停一陣子，再偶爾衝一下，叫一下。終於，十四點零三分，白斑回巢了，「待客」儀式並沒有因此而結束，浪先生仍在枝上守候著，隨時叫一下、衝一下。

十七分後，白斑又出來俯衝，警告十五分鐘，回巢九分鐘後又出來警告十七分鐘；再回去孵蛋七分鐘，又出巢攻擊十八分鐘，此時，似乎趕客人比孵蛋還重要。

十五點二十分，另一隻大冠鷲也滑過風口，白斑與浪先生一樣不客氣地趕走牠，再回去「招待」原來那隻，而原來那隻就趁此機會換到更隱密的林裡，他倆俯衝幾下後，十五點三十分，白斑終於心滿意足地放棄攻擊，回巢專心孵蛋。浪先生盤旋而上，在C區附近的高空不斷盤旋、滑翔，直到十八點零八分才回C區枝上休息，他共滯留空中兩小時卅八分鐘，真是驚人的紀錄，大概是「招待」大冠鷲太久了，心裡打定要好好玩玩吧！

由此看來，防禦的工作不只是浪先生的事，有時反而是白斑更積極，這點倒是與叉翅極端不同。（一個嬌滴滴，一個潑婦？）

在後來幾天裡，類似的狀況也陸續發生——當浪先生在孵蛋時，白斑會先向滑過風口的大冠鷲發動警告與攻擊，甚至還有兩次，白斑在孵蛋，而浪先生不在C區，她也會衝出巢趕大冠鷲。倒是對於體型比自己小的鳥如鳳頭蒼鷹、五色鳥，白斑反而不知該如何驅逐牠們。

那是四月廿八日上午九點多，一隻鳳頭蒼鷹停到C區的枯樹上，那也是白斑他倆常停棲的位置，白斑輕輕飛跳到鳳頭蒼鷹的上方，沒有叫，也沒有俯衝。鳳頭蒼鷹也輕輕一跳，跳到另一枝上，然後側著身體對著白斑「搖尾巴」——實在是很挑逗！白斑的心情大概是氣壞了，再一次飛跳，一樣的反應，第三次時，鳳頭蒼鷹才心甘情願地離開C區。

而五色鳥倒是經常出入C區，在五月五日十二點，一隻五色鳥也正好停到枯樹上，白斑似乎一時不知該如何下達逐客令，就飛到枯枝後方另一棵較高的樹枝上斜斜地看著五色鳥，五色鳥大概不知這是老鷹地盤，仍悠哉地站在那兒休息，浪先生在另一枝上看看不是味道，竟讓牠霸占那麼久，就一個起身越過五色鳥停到同一枯樹上，五色鳥這下才飛離枯枝。

看他倆面對不同的「客人」有不同的反應，滿有趣的！他們似乎只會對比他們大型的鳥類展開攻擊，至於我嘛！從上回浪先生對我展開猛烈攻擊後，再也沒受到他如此熱烈地招待，也許他那天真的心情不好，或許，那是他真的接受我而表現的一種「玩一玩」我的遊戲行為？

進食與排泄

整個四月份的觀察日，甚少看到他倆抓食物回C區進食，同時也注意到白斑的排泄物由先前斜斜地噴出、散開，轉變成一點點筆直的掉落。一直到四月廿八日才再見到浪先生抓食物回來給白斑吃。

那天下午三點至四點半，浪先生抓食物回來兩次，一次是停巢邊，白斑咬著出巢到枯樹上吃；一次是停在枯樹上，白斑出巢時幾乎是將食物搶去的。吃完了，仍嫌不夠，又橫步走到浪先生旁向他爪下找東西，浪先生後退三步，她再「鬥」他的嘴，可能是叫他再去找食物，經過這兩頓飽餐後，白斑的大便才再恢復舊樣——斜斜噴出、散落。

希望

當我納悶，為何白斑突然想多吃一點時，我注意到當天他倆孵蛋的行為起了微妙的變化。

從下午一點起，在孵蛋時，他倆都會起身再蹲伏，或咬巢邊白紙（衛生紙？）入巢整理，或咬住巢邊的突枝，將它插深一點，或低頭下去，不知在處理什麼；似乎，幼鳥孵出了！從三月廿八日開始孵蛋剛好是一個月，與國外的紀錄恰恰吻合！也是從四月廿八日起，浪先生停留在巢裡的時間逐漸增加。那天他停留共一百九十二分鐘，五月三日為二百六十四分鐘，五月五日三百五十分鐘，而白斑正好相反，三百七十三分鐘→三百零二分鐘→二百廿六分鐘，反而比浪先生少了。五日那天，浪先生甚至曾連續在巢裡一百二十分鐘，破了郝先生一百零三分鐘的紀錄。

五月三日十二點，浪先生從風口咬了衛生紙停在巢邊，再跨入巢放紙，白斑親（鬥？）他的嘴三次；他退至巢邊看了看，又咬起紙跨入，白斑仍一樣親了親他的嘴，他似乎想多做點什麼，可是白斑卻仍想待在巢裡。（兩個搶著要照顧孩子？）

十三點二十分，白斑咬白紙回巢邊放下，浪先生以為她要來換班，就起身，哪知白斑親了親他的嘴，自己就飛到枯枝上，浪先生只好繼續留在巢裡。

這一天，白斑低頭的動作有六次，浪先生有十二次。

五月五日八點四十分，白斑接替浪先生進巢不到五分鐘，浪先生又回巢邊，咬起巢邊的白紙欲進巢，白斑不知是太熱，還是不高興，嘴張大大的，沒有讓位！浪先生自動離開。兩分鐘後，他又到風口附近咬破布回巢邊，一樣想跨入巢；這次白斑鬥他的嘴，仍不讓位，浪先生只好再出巢。奇怪，難不成他不喜歡孵蛋，卻喜歡照顧孩子？還是有其他原因？

這一天，白斑低頭處理的動作有十四次，浪先生則有十次。

這一天，白斑進食兩次，第一次是魚，浪先生抓回來停到較高位的枝上，白斑從巢裡起身走到巢邊張望一下子，再入巢；等浪先生換到枯樹上時，大概看到他爪下的魚了，白斑飛快地衝出巢，速度實在是快，我才發現她正要出巢，卻看到她已到浪先生身旁將魚咬去了。當然，浪先生看一看她吃了幾口，就乖乖進巢接替工作。第二次好像是一隻被車子壓扁的蛙類，也是浪先生抓回枝上，正要享用，白斑就又飛快地衝出巢搶去吃，咬沒幾口就連那乾乾的皮也一大口吞進肚子裡了，這一回，浪先生也是乖乖入巢接替照顧的工作。

白斑與叉翅一樣，進食後，會在枝上擦嘴，有時才吃完沒多久就尾羽上翹——「噗」地噴出排泄物。

生命的律動

由於天氣轉熱，從四月廿一日起，連續幾個觀察日都看到白斑在下午去山區某處泡了水，全身溼答答地回C區展翅做「日光浴」。其他時候分別是四月廿一日十四點五十分、廿八日十五點四十分、五月三日十三點二十分、五日十四點四十七分……

天氣熱也使得白斑蹲在巢內時有張合嘴（吐熱氣），及身體因心跳而上下振動的明顯動作出現，也是在五月五日那天（晴偶多雲、無風、悶熱），由於好奇，我就以四十倍望遠鏡「看」到下面這些數字：

十一點三十分，心跳一百零二次／分、嘴張合十七次／分。

十一點卅七分，心跳一百零五次／分、嘴張合十一次／分。

十三點零五分，心跳九十九次／分。

十三點十三分，心跳八十七次／分。

十四點十七分，嘴張合十二次／分（張比合的時間長）。

然後，很巧地，那天十七點，我正收起望遠鏡打算結束觀察，白斑突然從巢內

「ㄈㄧˋ・ㄜ・ㄜ」地衝出，到C區內一棵樹上不斷俯衝、警告。我趕緊再裝上望遠鏡搜尋，沒什麼啊！心裡一陣擔心，不會是有「人」要去抓幼鳥吧？找了三分鐘，終於發現一隻大冠鷲躲在陰暗的枝上。

牠不知何時滑到C區來的（人眼實在不如鷹眼）。白斑獨自警告、俯衝了七分鐘，回枝休息六分鐘，又去警告，十七點十八分，她回巢邊張望一陣子才入巢，我趁此量了一次她激烈運動後的心跳與張合嘴的次數，每隔五分鐘再量一次：

十七點十八分，心跳一百零四次／分，嘴張合十一次／分。

十七點廿三分，心跳九十次／分，嘴張合七次／分。

十七點廿八分，心跳八十五次／分，嘴張合四次／分。

不知白斑平常「心跳」如何？而浪先生雖也有張合嘴的動作，但嘴並沒張很開，所以，不易測到次數，他的身體也沒有因心跳而產生明顯的振動；男女真的是有別？

異象

接著幾天的觀察，他倆的行為轉變令我愈來愈迷惑，到底有沒有幼鷹孵出？或者蛋壞了？一直到五月廿一日，我仍無法確定。

五月八日下午，我沒課，去看看他倆有何發展。卻發現從十五點到十六點五十四分，他倆都沒進巢，甚至一起離開C區達四十分鐘之久，是幼鷹不見了？抑或是他倆覺得不需要再抱著幼鷹？或者棄巢了？

十六點二十分，颳起猛烈的西南風；十六點四十七分，狂風夾著大雨；十六點五十四分，不知是誰，頂著大風衝回巢內蹲下，這下，我才安心地離開。

五月十日，陰天。北風強烈，我未帶禦寒衣，只能躲在芒草堆裡避風以觀察白斑。一個上午，他倆仍沒有在巢裡，我又開始擔心是蛋壞了，還是幼鷹孵出後死了？

八點左右，浪先生到C區的一些林裡抓枝出來，那些林子他以前從沒進去過，我開始疑慮。

十一點卅四分，浪先生抓食物回巢，白斑不知從哪兒出現，一下就飛進巢裡咬去食物。

十一點卅六分，白斑吃完再進巢與浪先生搶著理枝，互相鬥嘴，兩隻同時咬著一根長長的枝條，白斑要壓下去，浪先生卻要抬起來，最後，白斑鬥贏了，浪先生乖乖地離巢讓白斑理枝，時間是十一點四十一分。

十一點五十分，他倆在另一棵松樹上，好像又在鬥嘴。

十三點十三分，浪先生入巢理枝，白斑又入巢趕走他，浪先生接著抓了一根細枝進入另一松樹枝幹上，他要另外築巢嗎？

他倆今日的行為很怪異，一共進巢十二次，都在理枝，沒有蹲伏，也沒有低頭類似餵食的動作，更怪的是，他倆今天曾五次抓枝到另一松林裡，還在裡頭鬥嘴。是浪先生要重新築巢，白斑不願意？但白斑又不願讓浪先生入巢理枝！是幼鷹孵出，白斑不讓浪先生照顧？還是幼鷹不見了，浪先生覺得原來的巢不好，要築新巢，白斑卻堅持仍用舊巢？

今天，他倆從十二點開始又陸續交配了四次，這是很異常的現象，在孵蛋期間，頂多一天一次而已，真的是幼鷹孵出，又不見了，要重新生蛋嗎？

黃昏的時候，風口聚來九隻老鷹，還有一隻魚鷹及一隻疑似雌的灰澤鵟。從三月以來，這可是第一次晚點名，是替朋友送行的嗎？魚鷹在此過冬已好長一段時間，而那隻灰澤鵟也要過境北返，是送行的吧！北風使今天看來像是個秋冬的日子。

五月十二日，仍是陰天，北風較小，但下午四點後，溼度讓全身難受。今天他倆仍在鬥嘴，而且愈吵愈凶，白斑甚至用力將浪先生啄到巢邊，還咬他的翼肩，浪先生只能斜斜地側著身體，一共四次，他都讓白斑在巢內理枝。

浪先生在今天抓了一根有他身長兩倍長的枯松枝，將它橫跨在巢上，白斑卻把它移到巢邊；明明今天選的枝條都滿粗、滿長的，真的不曉得為何會出現這些反常的行為。

今天他倆又交配了六次，我真的擔心是幼鷹失蹤了。

他倆仍會在另一棵松枝裡鬥嘴，浪先生仍抓枝到那棵松枝。

奇怪的是，他們今天有低頭類似餵食的動作，一共達廿九次之多，而白斑反常地在陰天的上午八點多去泡水回來，因沒有太陽可做日光浴，她只能用力拍翅七下……我無法理解這些行為的意義。

最後的白斑

五月十五日，陰天轉大雨又轉晴再轉陰。下午沒課，大雨中，我回家換穿雨衣、雨鞋到風口看他們的最新狀況。天氣突然變好，我熱得脫去雨衣、雨褲。雨傘變成陽傘，身體上一陣雨水，換上一陣汗水，很不是滋味。

十三點，白斑飛到風口上方盤旋，離小山頭很近。

十三點二十分，白斑飛到我上方的小山頭，我把頭伸出傘外對她吹口哨，沒想到這第一次的打招呼卻變成是最後一次。

整個下午他倆都沒進巢；十五點四十分，他倆交配，白斑轉過頭來親浪先生的嘴及頭部。

十六點廿七分，浪先生抓魚停白斑旁，白斑趨前咬了一口，浪先生停到另一枝上，白斑又跟上，從他爪下搶魚去吃。

十六點三十分，浪先生離開C區，他不知道，再回來時，這裡將變成他的傷心地。

十六點卅三分，白斑吃完魚，在枝上左右擦嘴，然後開始整理羽毛，一根根地梳理。

十六點四十分，艾家由港區方向回來，白斑停止整羽，看看他們，郝先生則是大老遠看到艾家出現就開始叫了，郝先生似乎恨透了他們。

十六點四十七分，一群紅嘴黑鵯吱吱喳喳地越過C區，白斑又停止整羽。

十六點五十分，艾家的一個成員越過C區，白斑開始鳴叫，身體以平俯的姿勢鳴叫：「ㄈㄧˋ‧ㄡ‧ㄡ」，後面的「‧ㄡ」，每個音是那樣顫抖而字字清楚，艾家轉停C區枝上，再飛到白斑巢上方的枯枝上，斜斜地看著她的巢，是否在看白斑孵出的幼鷹？還是在嘲笑她孵了一個多月，卻什麼也沒有？

白斑一陣警告聲：「ㄈㄧˋㄜˋㄜˋ」，衝入巢內，採一樣平俯的姿勢，嘴巴張大大地連續發出警告聲，艾家離開C區，白斑卻因為要趕走艾家而踏上死亡陷阱……她移了兩步到巢邊探頭咬了一口，我不知道那是什麼？當她再探頭時，那東西突然動了起來，白斑一陣錯亂，與那東西一起掉落巢邊，不知是她咬著那東西，還是那東西咬住她。事情發生太快，我只能猜測，會不會是幼鷹要掉到巢下，白斑趕緊要保護牠而一起掉落，還是，蛇爬上巢？

從四十倍望遠鏡裡找到白斑就在巢下邊，由於松林的遮蔽，我只能看到她的下半身、腹、尾及掙扎的雙翅，我以為白斑只是被樹藤纏住了，心裡喊著：「白斑，加油、加油！」她不斷拍動翅膀，往上，我以為她可以爬回巢的。

十七點十六分，大量的白色排泄物從尾部直直流下，什麼讓她如此驚嚇？不太對勁！不太可能只是被樹藤纏住！

白斑的身體因心跳、呼吸而劇烈搖擺，樹藤也跟著大幅度擺動，白斑持續掙扎、拍動翅膀……

十七點二十分，樹藤不再擺動，白斑就掛在巢下面，不再掙扎。

浪先生的心情

十七點卅九分，浪先生回C區，望著巢下方發出警告聲，他似乎不認得白斑。

十七點四十八分，浪先生越過巢邊，回枯枝，然後「ㄈㄧˋㄧㄡㄡ」地叫著，是在叫白斑嗎？

十七點五十分，他穿過巢邊，回枯枝，發出警告聲……他仍不認得白斑？

十七點五十一分，再穿過巢邊，回枯枝，發出警告聲，他仍不認得白斑！

一直一次又一次繞過、越過、穿過巢邊，一次又一次地叫著……

十八點十八分，繞過十九次之後，浪先生往遠處的山區繞了一圈，甚至俯衝到林梢尋找，他似乎不能接受那就是白斑。

十八點廿五分，回C區再繞兩圈。

十八點卅五分，又往遠處山區飛去。

獸夾

五月十六日，陰天。

七點，由於今天約好帶學生去看職棒，所以一早決定搭計程車到海灣，原只想去了解白斑是否仍纏在那兒，沒想到，我在小階梯接上產業道路的地方裝好望遠鏡後，走沒十步找到一個可以看到巢下狀況的位置，等我擺好望遠鏡，才看到白斑掛在那兒，我驚訝、震驚、憤怒！

我瞧見一個原住民正爬上樹，爬到白斑旁邊，右手提起獸夾。

七點廿五分，他得意地笑著，樹下另一個人聲傳來，也是原住民的語言，我這才明白，昨天白斑多麼痛苦地掙扎，她永遠無法得知是誰害死她的。

他衣服上有三、四行英文字，左手抓著樹枝，右手提起獸夾。他用右手甩開白斑，用右手解開纏住雙翅的樹藤，再用右手把白斑高高地丟下，最後用右手把獸夾放回巢內，用右手拾起葉子、衛生紙蓋住獸夾。

浪先生就在C區上空盤旋，我的心情直線下降。

我收起望遠鏡走上風口，看到一輛機車，直覺是他們的，山溝旁邊有明顯往上爬的痕跡，而我決定坐在機車旁等他們下來，然後呢？我又能怎樣？第一個下來的人，提著籃子，但他不是爬上樹的那位，他看了看產業道路，在注意到我後，馬上裝成沒事的樣子；第二個下來的，我認得他，就是他爬上樹，將白斑丟下！

他們若無其事地要發動機車，我說：「對不起，我是賞鳥學會的人，請你們以後不要再來抓老鷹了。」第一個下來的回答：「沒有啊！」我指了指那爬樹的人：「我用望遠鏡看到他爬上去，又把獸夾放回巢裡，幼鷹是不是也被你們拿走了？」

「沒有蛋，也沒有小鳥啊！我們昨天才來這裡的，以前都在木柵抓……」他們還「建議」我應該在這入口立牌子：「禁止施放獸夾」，但是這樣，他們就不敢了嗎？

我忘了要求他們馬上回去取下獸夾，我急著下到漁村借筆抄下車號，心裡一直複誦著車號……然而，就算真的移送法辦了，一點點的罰款真的就能嚇阻他們嗎？

慢慢走回學校，一共五公里的路，海灣開始飄起雨，我面對風口倒退著走，看著曾經有許多老鷹盤旋的地方。雨打著我的身體，一個春天下來，叉翅、白斑相繼喪命，我曾那樣仔細記錄的兩隻鷹小姐，一隻曾被人救起再放生，一隻卻慘遭毒手……我還有勇氣看下去嗎？

下一個晚點名，還能看到幾隻？我夠堅強記錄牠們嗎？

我一時無法忍受在雨中看著風口，攔了一部車，離開海灣。

我不知如何形容此刻的心境，只有當全身泡在冰水裡，當每個關節、每塊肌肉開始痛起時，我才知道我心有多痛。我在冰水裡急速呼吸、吐氣，二十分鐘的掙扎不斷撞擊我的心靈：獸夾夾住她的嘴、她掛在巢邊，奮力掙扎、獸夾連帶繩子使她垂在巢邊——那個她努力孵蛋一個多月的巢。她努力振翅，獸夾卻夾得她又痛又恐懼……「怎會這樣？那是什麼東西？為什麼夾住我？為什麼要夾住我？」比平常多三倍的白色排泄物，直直地從她尾端流下，「好痛、好痛！誰來救我？」她努力拍翅，想掙脫那奇怪的東西，可是愈來愈痛，身體隨著心跳、呼吸急速搖擺，巢邊的樹藤跟著大幅擺動……浪先生不在，只有我可以救她，可是我卻在小山頭隔著風口遠遠地、呆呆地束手無策，她再用力拍動雙翅，「怎會這樣？孵出的孩子無故失蹤，現在……我卻……好痛、好痛！誰來救我……誰來……誰？」

好冰、好冷……我全身都在痛。

浪先生回來，看到掛在巢邊的妻子，他繞過巢前，「這不會是我太太！不可能是我太太……」再繞一次，叫了一聲，「她為什麼都不動？」再繞一次，再叫一次，「她怎麼了？為什麼被夾著掛在那兒？一個鐘頭前才抓一條魚給她吃，我才離開一個鐘頭……我不相信……那不是白斑……那不是我太太……她不會一下子就變成這樣的……」他去遠方的山區找她，去他們時常與朋友遊戲、追逐的山區找她，「我俯衝低一點，她一定停在那個樹枝休息的……我不相信……」他無法接受，「一個鐘頭前，她才從我腳下搶魚去吃……本來不給她吃的……每次抓魚回來，都給她咬去……這回本來不想給她的……」他一圈又一圈地繞著巢，一次又一次地的叫著……

在冰水裡，身體痛，心裡在憤怒……在憤怒！我急速呼吸，大口地吐氣想要減低痛苦，可是感覺更痛。

四十倍望遠鏡裡，一個人類的「原住民」爬上巢邊，得意地抓起獸夾，白斑仍夾在上面，這位「原住民」向樹下微笑，下面傳來人聲，很得意的聲音。然後巢邊的那位「原住民」抓著獸夾用力將白斑甩開，那夾子不知插入多深……他用右手解開纏住白斑翅膀的樹藤，再將她高高地由樹上丟到樹下……一個人類「原住民」殘害了另一種比他更古老的「原住民」，拆散了他們的家，毀掉了他們的感情、希望……

每個關節、每塊肌肉都在痛，我心情混亂、呼吸急速，幾個月來的築巢、求偶、孵蛋……幾個月來的遊戲、追逐……白斑在我腦海裡不斷掙扎、驚訝、恐懼……浪先生不斷在腦海裡一次又一次地繞過巢邊，一次又一次地叫著……憤怒、悲傷……連哀號的機會都沒有，連控訴的機會都沒有……

淚水在流……我想大叫……

那位「原住民」用右手將獸夾放回巢邊，再從巢裡拾起葉子、衛生紙覆蓋在上面，浪先生在上空盤旋，看著妻子被兩個人類的原住民「取」走……

浪先生……你千萬別進巢……千萬千萬不要！

五月的天空突然變得那麼灰暗，我像遊魂般，不知該落腳何處。去看遠方的清淡佳人，沒看到……經過港區，沒有月眉山的那隻……我不敢去看新山水庫的、七堵的、瑪陵坑的……深怕、深怕……

我在灰暗的天空遊蕩著……

淚水在流……想大叫……大叫……可惡的人類……

為什麼抓我們的孩子？

為什麼害死我的太太？

為什麼抓我們去當標本？

你們憑什麼？

我們憑什麼？

我終於了解，終於這麼「痛」地了解到，大自然為何安排我巧遇你們，讓我看到你們求偶、築巢、交配、孵蛋、遊戲、晚點名……讓我看到你們與朋友、鄰居——大冠鷲、魚鷹、鳳頭蒼鷹之間種種大自然的情與趣，最後又讓我親眼看到你們如何被殘害。

我明白大自然要我做什麼……

我會讓更多人知道，你們與人一樣有情有慾，有工作的時候，有遊戲的時候；你們也像中國人愛「看熱鬧」，天氣熱了，會泡泡水，做日光浴以紓解熱氣，你們會夫妻鬥嘴吵架，你們也會「鬧鬧」別家，也有三角戀愛……重要的是，你們也跟人一樣需要愛情、需要家庭……更重要的，你們也和我們一樣會痛、會恐懼、會害怕、會因失去親人而難過。

作家亨利・貝斯騰（Henry Besten）曾說：「我們對動物需要有另一番見解，必須更有智慧，更為超然，不該以人來衡量動物，動物不是我們的同類夥伴，也不是次級生物，牠們是屬於另一個國度的子民，與我們在一起，受制於時間與生命的巨網，一起被囚禁在這個兼具光輝與勞苦的地球。」

野外生物學家喬治・夏勒博士（Dr. George Schaller）曾寫道：「我們見到行將絕種的動物時，總希望能延續牠們的生存。在遙遠的過去歲月裡，這些動物曾和我們一起慢慢演進，和我們共存共榮……」

大畫家達文西說過：「有一天，人類將會像看待謀殺人類一般地看待謀殺動物。」

白斑死了之後

十六日那天下午，人雖在棒球場，卻一直擔心浪先生再跨入巢內。

十七日一早，看到浪先生仍在C區，放心多了。

九點左右，與農林課的李正仁及兩位助手，由山溝循著明顯的小徑，往白斑築巢的松林移動，驚訝地發現，那條小徑不像是新走出來的，不知有多少人上來過，多少老鷹、幼鷹年復一年地被抓走？松林裡甚至有人砌石的痕跡……

築巢的松樹約比四層樓高一點，我們沒把握上得了，只好撤退。

十八日下雨，我仍如遊魂般，擔心著浪先生。

五月二十日下午，與農林課的人試著上樹拿獸夾，失敗。

五月廿五日下午，再試一次。

由有經驗的鳥人爬上樹，終於取下獸夾，一共有兩個。

白斑被捕殺之後，浪先生與郝先生一樣，一回到自己的樹林就「ㄈㄧㄧㄡ——」地叫幾聲，當初叉翅沒回巢後，郝先生還曾在一天之內進巢十多次，每次都只是看一看就離巢了。而浪先生親眼看到白斑被人抓走，也許他知道不該再進巢。如果鷹先生們每年都用同個巢來求偶，那麼他們豈不年年要面對這種喪偶之痛？每每聽到那「ㄈㄧㄧㄡ～」、「ㄈㄧㄧㄡ～」的叫聲，總會想起叉翅、白斑的身影、往事，很長一段時間，我甚至不敢望一眼牠們的巢，怕會想起一位原住民爬到巢下抓著獸夾上的白斑，得意地笑著……

五月廿五日，鳥友上樹取下獸夾後，順便量了一些巢的資料，也拍了一些巢的幻燈片。白斑的巢距地面十三公尺，巢內有手套、布、報紙……築巢的樹枝有一根長達一百三十公分。

五月廿九日下午，我獨自入林尋找可到達叉翅及艾家巢樹的路徑。

白斑的窩裡有手套、布、報紙、樹葉等。梁皆得攝影。

往艾家巢樹的路徑需要鑽爬且陡，不像有人走過。牠們的巢樹不是松樹，所以樹幹瘦小，巢的位置不高，可以不需要工具就直接攀上，但我一個人不敢冒然嘗試，便沿路做記號下山。

往叉翅巢樹的路較易走，有明顯山溝，也有砌石痕跡，松樹下有塑膠袋……顯然，這個巢也經常受人騷擾。松林下的植物並不繁茂，不需鑽爬，我在叉翅巢樹下靜靜享受松林的幽靜，偶爾還能聽到風吹動松葉的聲音……

六月三日，我請鳥會支援上樹測量巢的基本資料。叉翅的巢距地面十四公尺，巢內有人類用過的布手套、布、紙、海棉，甚至有女用內褲、胸罩，不知是從哪弄來的，而築巢的樹枝中有一根竟達一百九十公分，比一般人都「長」，不知當初是誰，又是如何抓回來的。這個巢的視野良好，可看到海灣及整個漁村的一切活動。巢裡有一已殘破的蛋殼……一個破滅的希望。叉翅抱牠不到兩週，郝先生不知看牠多少回？

艾家的巢較乾淨，似乎沒有生蛋的跡象，倒是時常看到他倆抓食物、抓樹枝進進出出的，想不通為何沒有生蛋……年齡未到？抑是過了年齡？

叉翅與白斑的一些統計紀錄

叉翅在十個觀察日內共與郝先生交配四十九次，並與浪先生交配廿一次，平均一天可聽到「ㄈㄧ ㄈㄧ ㄈㄧ」的交配聲約七次，她還到浪先生的領域裡四十四次，進人浪先生的巢七次，並有三次自己從浪先生的巢內取食物。浪先生一共抓了一條乾了的魚、一隻青蛙、一隻鼠給她。

一共聽到叉翅鳴叫一百五十八次，平均一天至少可以聽到十五次。在築巢期，她一共抓枝或草入巢廿三次，而郝先生有廿四次，但郝先生一共入巢六十三次，叉翅才卅七次，大概是鷹先生要負責把巢築好。

從二月廿五日至三月八日，共看到叉翅抱卵一千零廿七分鐘，郝先生五百卅六分，孵蛋的工作主要由鷹小姐負責。

白斑的情況也差不多。十六個觀察日中，共交配四十七次，平均一天三次，最高一天十次。白斑共抱卵三千三百四十六分鐘。在孵蛋末期，八天內白斑共鳴叫四十八次，而浪先生則是九十五次，有點反常。通常鷹先生只在進入孵蛋期才有那種「ㄈㄧㄧㄡ」的鳴叫，而鷹小姐則是從築巢就開始叫了……只是不明瞭，兩者叫的意義是否有不同？而鷹先生又為何在開始孵蛋後才會鳴叫？

除了叉翅沒有攻擊行為及「ㄈㄧˋㄜˋㄜˋ」的警告聲外，海灣的這群老鷹一共出現過九十三次驅趕或攻擊的行為，其中大部分出現在孵蛋期，只有三次在築巢期。

牠們攻擊過大冠鷲廿六次、攻擊我十五次、攻擊魚鷹七次……最多卻是同類，共卅五次，可見，雖然在同一地區繁衍下一代，卻仍各據一方，誰也占不了誰的便宜。

一共有十二種其他猛禽出現在風口，但只有六種遭到牠們的攻擊，原因有二，其一是比老鷹小的，牠們不攻擊；其二為繁殖失敗後，不論大小，即使停到牠們常棲息的枯枝上，也都沒事。

總而言之，鷹先生除了負責築巢、防禦外，還要覓食給鷹小姐吃，而牠們大都在上午築巢、交配；在下午鳴叫、進食、盤旋、滑翔……，至於攻擊與驅趕也集中發生在上午，所以「上午」可能是牠們「上班、工作」的時候，下午則是「下班、遊戲」的時候。

統計數字只能顯示某些可能的現象，卻無法呈現牠們的生命內涵，而什麼是牠們的生命內涵呢？

牠們對人類日復一日的捕捉，對於牠們自己從「人」的垃圾堆中找材料築巢或進食，對於牠們自己在人類繁雜擁擠的城市上空盤旋……牠們的「感覺」是什麼？而牠們對自己生命的期望是什麼？

牠們是否也感覺到牠們族群愈來愈少而「想」要「做」點什麼？牠們是否也「想過」，如何處理已經有好幾年沒有新生代的滅絕危機？想著浪先生在被獸夾夾住的白斑四周，又衝又叫……

好想知道牠們在想什麼？

好想知道牠們眼中的「人類」是一種什麼樣的動物。

後記

之一

郝先生、浪先生及艾家從六月起陸續離開風口，整個七月份只聽到一次那熟悉的「ㄈㄧㄧㄡ」叫聲，是從郝先生的林裡發出的，看到他……我已不認得了。然後，一直到九月初才再聽到那聲音從靠近馬路的松樹上發出。

隨著六、七、八、九月老鷹數目的減少，我觀察的心情也逐漸降低，我時常在小山頭坐了半天，卻只看到一隻老鷹飛過風口，而且都不停到我所熟悉的幾個區域內了，牠們只是越過，什麼聲音、什麼事也沒發生，少了那些叉翅、白斑的生活內容，在炎熱的山頭坐一個鐘頭好像是一天那樣長。

過去的四個暑假，我不是單車環島訪山，就是徒步旅行；今年，我把自己

「安」在桌前，好好整理到底記下了多少老鷹的紀錄。我也接受朋友的建議，把牠們的故事整理成一篇報導，投到報社參加徵文比賽，我想，這是我立即可為這一群老鷹做的——讓更多人了解牠們、關心牠們。

在炎熱的夏天，光著上身，吹著自然風，將一次次的老鷹行為紀錄整理成一張張圖表，總計從一月到八月共五十三個觀察日子，三百九十九小時的風吹日晒加雨淋，換成近三十張圖表。我的心情慢慢上揚，彷彿叉翅、白斑再度飛起！然而，在動手寫正式報告時，一直有一個問題困擾著我……我如何能在冷冰冰的報告裡適度呈現牠們獨特的生命內容呢？

九月初，我寫好牠們的繁殖行為報告草稿，然後擱著，打算等到「晚點名」再開始時，才提筆來修改。

之二

九月十八日，黃昏時刻，我由學校慢跑到海灣。涼爽的天氣，吹著適合滑翔的北風，兩架滑翔翼在天空宛如大老鷹，我向它們招手……

到了漁村，興奮地看見四隻老鷹由海面快速鼓翼到我上頭！我攤開雙手、仰頭，好久不見！真的好久不見你們一起飛翔了，牠們在這個山頭盤旋而上，我倒退著跑，一直看著牠們，當我跑到柏油路盡頭，牠們也在那兒頂著風滑翔向海……這是「晚點名」的型態，我折回頭，牠們也盤旋而上與我同向地滑回風口。北風的秋天好舒服，牠們到艾家後方再盤旋一陣後，便消失在山頭後方。

平常跑這一趟海灣，來回七十四分鐘，今天連上了六堂課，在身體很累的狀況下，我臨時起意跑了一趟，真的是慢跑……還有滑翔翼、老鷹陪跑，我花了八十三分鐘，可是一點都不累。

如果牠們得獎，我將於十一月十二日為牠們，也為其他野生生物跑一次馬拉松（四二・一九五公里）。

保護這群老鷹及牠們的朋友，已成為我的責任，這是大自然冥冥中安排好的。我仍會持續定期去看牠們，當「晚點名」開始時，我會邀請大家一起來欣賞、了解、關心、保護牠們。我已自詡為「老鷹看護人」，也邀請你試著去關心一種野生生物，並成為牠們的「看護人」。

永遠的老鷹，老鷹永遠。

最後的空中英雄——記基隆的一群老鷹之二

老鷹小姐白斑被原住民捕殺後，浪先生一回到巢樹區就「ㄈㄧ ㄧㄡ ㄈㄧ ㄧㄡ」地叫幾聲，是在叫白斑嗎？他親眼看到人類抓走他的配偶，不知會對人類產生何種觀感？或者他已習慣了這每年一次的獵殺？

漁村的小孩說，前年也有人爬上叉翅的巢抓走幼鳥。如果每年都有人抓走小老鷹，那麼，基隆這群老鷹豈不是已好久沒有新生代了？牠們是否都將老化而步上逐隻凋零的命運？

這個繁殖季結束時，艾家仍沒有生蛋，而叉翅的巢裡只留著一個破碎的蛋殼，郝先生的羽色則漸轉灰白。八月起，風口的老鷹轉移至情人湖畔等待下一個繁殖季的開始，海灣的開發計畫也逐步付諸行動，當老鷹的棲地漸漸被人類破壞而減少時，一隻放生的外來鷹也加入這場混亂的繁衍與生存之戰。

八十一年六月。放生鷹——黑環

牠在六月十三日八點五十分出現在風口，停在浪先生常停的一棵枯樹上，從二十倍望遠鏡裡，看到牠的左右腳各綁了一條黑帶，我就叫牠「黑環」。牠的尾羽左側少了一根羽毛，很明顯地有一缺口。

黑環張望四周，然後由下而上逐樹靠近浪先生的巢樹，再由巢樹下方飛上巢，與浪先生、白斑進巢的路線非常地不一樣，感覺是小心翼翼的，或者說，更像是偷偷摸摸的。進巢後，黑環咬起布、草，又放下，觀望四周後，再跳到巢邊的橫枝上，側頭望著巢。像是在探巢，可是已六月了，風口的其他老鷹都已離開，牠為何

上圖：牠們會是基隆最後的一群老鷹嗎？梁皆得攝影。

下圖：基隆老鷹棲息活動位置圖。

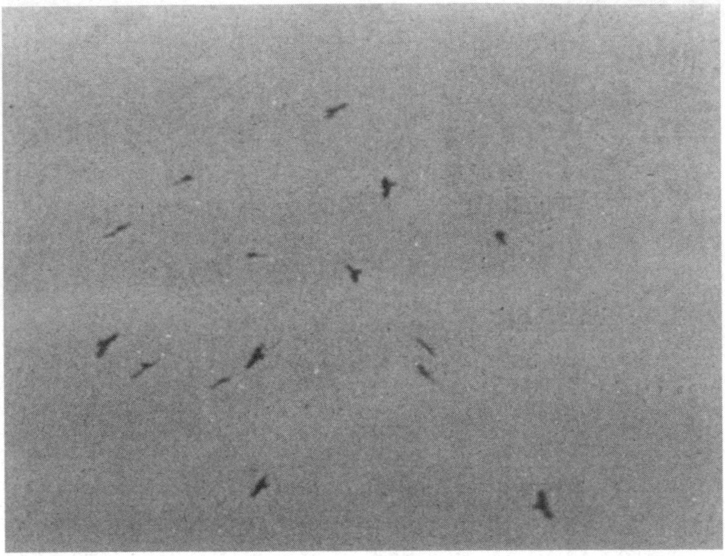

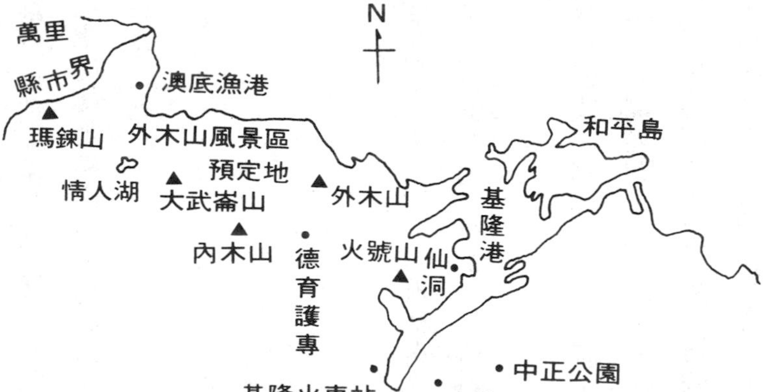

選這個時候來探巢呢？

九點廿五分，黑環飛到郝先生的繁殖區，也進巢了，牠想做什麼？我對牠產生極大的興趣。當晚，與鳥會猛禽負責人林文宏聯絡，他說：「可能是從養鷹人那兒逃出來，或者也可能是被放生的。曾有養鷹人在瑞芳一帶把不想再養的老鷹放生了。」他要我留意這隻老鷹是否還有自行覓食的能力。

三天後的下午，黑環再度來到風口，仍一樣由下而上逐樹飛進浪先生的巢，牠似乎看上這個巢了。我很好奇，黑環是從瑞芳飛到這兒的嗎？不知牠會為風口的這群老鷹帶來什麼樣的影響。

七月及八月。

入夏後，海灣已完全屬於泳客與海鷗。老鷹已較少在風口出現，有時一整天就看到一隻，有時甚至零隻。我納悶，牠們都到哪裡去避暑了？

而海灣的一端，市府正在填土，準備蓋一座海水游泳池。

我的紀錄紙上總是只有短短的一句話：

七月四日，一隻。浪先生最常停的一棵枯樹從中截斷，原因不詳。

七月十日，一隻。海灣的許多琉球松已生病轉紅。浪先生與郝先生的巢樹後方也各有一棵變紅了。

七月廿五日，零隻。

七月廿八日，一隻。郝先生的林子裡傳來「ㄈㄧ——ㄡ！」的叫聲，是郝先生嗎？好久沒聽到這熟悉的聲音了，好想對牠說：「好久不見，你們都到哪兒去了？」

然後，整個八月也一樣僅是一隻、零隻、二隻、一隻、一隻……

黑環再也沒出現，我想，牠大概無法自行覓食！餓死了。

九月。再見晚點名

七、八月的觀察低潮期之後，西南風逐漸轉北，當風再度由海吹向風口時，我知道老鷹們即將再回來。九月，我不再僅是期盼多看到幾隻老鷹的身影，而是引頸望著風口的幾個山頭，等待著，等待那初次相遇的「晚點名」盛況——

那是一月十一日的下午，三點半至五點間，我在漁村見到這群老鷹，牠們一隻隻地陸續來到風口，最多時一共有十四隻在山頭盤旋、追逐。十天後，廿一日的上午，路過漁村時也只看到五隻，下午四點半再回到漁村，不得了，一大群共十八隻在同一個山頭盤旋、追逐，甚至俯衝到山頭抓起枯枝，玩起類似人類橄欖球的搶枝遊戲了。其中的一隻會抓著枯枝，其他老鷹則衝過來搶，一個翻身，有時被搶走了，有時不知是故意，還是真的沒抓好——枯枝往下掉落……沒關係，這時總有一隻會一個轉身俯衝而下，在枯枝掉入樹林前將它抓起，繼續玩搶枝的遊戲。

追逐、遊戲一陣子後，牠們就一起往海上滑翔，雖然沒有整齊的排列，卻也顯出一種寧靜、優美的壯觀氣勢。往海上滑翔一段距離後，牠們就一個轉身，逐隻往隊伍後方盤回，整個鷹群就這樣亂中有序地逐漸移回風口，重新整隊後再滑向海上或者另一個山頭，此時，高度逐漸上升，晚到的鷹隻會陸續鼓翼、盤旋而起加入鷹群。

像是牠們清點鷹隻的時刻，也像是辛勞工作一天後的遊戲時刻，我把這種黃昏時候才會出現的聚集行為稱做「晚點名」。

五天後，來參加晚點名的老鷹達到十九隻。牠們甚至在風口的山頭急速繞圈盤旋，幾乎是同心圓地繞著圈子快速轉著，從沒看過這樣的轉法，也從沒看過牠們用這種角度在盤旋。天黑前，牠們逐漸轉向基隆、萬里間的瑪鋉山區，然後俯衝而下消失在稜線上……

那樣的快速轉圈似乎也意味著那一季的晚點名即將結束，從那天起，參加晚點名的鷹隻逐月減少，二月十四隻，三、四、五月各九隻，能看到晚點名的機會也愈來愈少，二、三月各三次，四、五月各一次，六、七、八月則是零次。

九月六日下午，我來到大武崙山的炮臺古蹟，意外發現兩隻老鷹停在情人湖畔的高壓電塔上。這些電塔的位置正好可以看到風口以及整個基隆市，甚至鼻頭角、九份、瑞芳皆盡在眼裡。原來，牠們在這兒，整個夏天很少看到的老鷹們原來在大武崙山的情人湖畔，牠們似乎也在等待著什麼，頭一直望著基隆港方向，牠們在等待會一起晚點名的朋友嗎？而那些朋友是從基隆港方向飛來的嗎？

我看著整個基隆山區，不知有多少老鷹也在等待，等待這新一季晚點名的開始……

老鷹落鷹的瑪鋉山已被開挖成倒廢土區。沈振中攝影。

終於，九月廿七日十五點卅五分，老鷹一隻隻來到風口；十六點廿五分，八隻老鷹在同一個山頭施展那熟悉的盤旋、滑翔與追逐的本領。我也驚喜地再聽到那「ㄈㄧ—ㄡ！」的叫聲，不僅僅是已兩個月沒聽到了，特別的是，我總以為只有在牠們停著的時候才會聽到這叫聲，但是這回，老鷹們在晚點名時一邊飛行一邊叫著：「ㄈㄧ—ㄡ！」、「ㄈㄧ—ㄡ！」一隻叫著，兩三隻一起叫著：「ㄈㄧ—ㄡ！」、「ㄈㄧ—ㄡ！」好興奮吧！已經整整四個月沒聚會了，好久不見，真的好久不見了！

十月。希望與危機

晚點名的開始似乎也代表另一個生命循環的開始，這一季第一次晚點名的隔日，郝先生的林裡便傳來「ㄈㄧㄝˋㄝˋ」的驅敵警告聲，喔！牠們已開始搶繁殖區了！

而相較九月僅有的一次，十月裡，晚點名的次數已增加到三次。而老鷹們也開始展現那些似是用來求偶的動作——十一日那天，牠們試了幾次抓草的功夫，一開始，牠們在山頭盤旋，然後突然一轉身，俯衝到稜線上，兩爪一伸，抓起一把草，再一邊盤旋而起一邊看著草，然後把草給放了，一點點地放了，大概只是在練習吧！

當老鷹們正為繁衍下一代預做準備時，報紙也不斷登著海灣開發計畫的消息，市府頻頻向省府申請變更保護區為風景區，並要開發為遊樂區。雖曾在六月中旬以個人名義兩度去函市長，請求先做生物調查及環境評估，可是，市府似乎急著要開發這基隆最後的一條海岸——美麗的原生季風林要闢成滑草場，還要加上纜車將海灣與山上的情人湖連成帶狀遊樂區，還有烤肉區、青少年遊樂區，甚至有一條登山步道要穿過郝先生與浪先生的巢樹區。

而在計畫未被核准前，海灣一端的海水游泳池及沙灘上的兩棟遊客中心也已接近完工……

此時，漁村的一些舊式矮房也陸續改建，築層加高。

為了記錄這群老鷹的現在以及不可預知的未來，十三日起，會爬樹又喜歡鳥類攝影的梁皆得開始背著十六釐米攝影機，到處搜尋老鷹的身影，並拍下牠們生存環境的變遷。

十月份的最後一天，參加晚點名的老鷹增加到十一隻，牠們無視海灣的漸漸在變，依然在山頭、在風口盤旋、滑翔、追逐，然後依舊在天黑前，在「人」眼無法看見牠們時，落鷹瑪鍊山——山區不在遊樂區計畫的範圍內，也沒路徑可達，我一直很放心。

十一月。再見黑環

幾乎忘了牠。

將近五個月不見的黑環突然於十一月二日在基隆港出現，兩腳的黑帶仍在，尾部的缺口已長出新羽，而且是白色的，那樣明顯的一根白羽反而讓人更容易認出是牠。牠出現在基隆港，無疑提供了最直接的證據——海灣的老鷹會到基隆港來活動、覓食。

然而，黑環似乎不受其他老鷹的歡迎，牠被另一隻老鷹由港區一路追過麥當勞上空，往南榮路的山區飛去。我懷疑牠在六月中旬探了風口的兩個巢後，也可能以同樣的方式去探了基隆其他山區的鷹巢。

廿四日下午一點半，黑環再度來到風口，這回，牠露了一手抓草的功夫，不，倒像是想抓上的蟲沒抓到，牠停到浪先生繁殖區的枯樹上整羽。另一隻老鷹則輕輕鬆鬆地一抓，就抓到一隻蟲停到牠旁邊，咦？該不會是抓給黑環吃吧！只有鷹先生才會抓食物給鷹小姐吃的，黑環是小姐嗎？正懷疑時，那一隻老鷹當著黑環的面一口一口地吃了起來，而黑環也只是看著，沒有搶食……怪了，牠倆是什麼關係？

在風口死了叉翅、白斑這兩隻鷹小姐後，我確實有點希望黑環是女的，然而，我又不喜歡這隻血統不明的放生鷹與本地鷹生出血緣混亂的下一代，心情其實滿矛盾的。但看到牠再出現，再怎麼說總是多一隻老鷹，也多一個希望吧！

黑環再出現在風口的這個下午，一共有五隻老鷹停到繁殖區來，其中的一隻從十二點三十分一直叫到十三點三十分，總共叫了一百五十次，讓我想起在上一個繁殖期也是這麼愛叫的叉翅，這會是另一隻「叉翅」嗎？風口會重演類似「叉翅落難」的事件嗎？而這密集出現的叫聲是否也代表著繁殖期正式開始呢？

這月，晚點名的老鷹共有十四隻，一樣落鷹瑪鋉山。

十二月。繁衍與生存之戰

為了阻止獵人再上樹抓鳥，十一月廿二日及十二月一日，梁皆得為浪先生及郝先生的巢樹繞上鐵絲網。在繞鐵絲網時，一隻老鷹在上頭繞了三圈，然後停到巢樹旁那棵已變紅的松樹上，牠沒有叫，只是側頭看著我們，是浪先生嗎？牠看了約兩分鐘，接著一聲不響地一個縱身，飛走了。不知牠能否分辨出我們與獵人的不同？不知牠是否了解我們是要保護牠們？

十二月是個混亂的月份。晚點名的老鷹達到二十隻，黑環正式向風口的老鷹挑戰，同時，海灣的開發計畫准了；當農委會等相關單位的人士來關心牠們時，牠們落鷹的瑪鍊山，卻被非法挖山者給破壞了——

五日那天，我所記錄的〈叉翅、白斑與浪先生〉這群老鷹的故事開始在《中國時報》連載，同時，為牠們寫的觀察報告也在鳥會的「中華飛羽」登出，報告中更建議為牠們設立保護區。然而，也就在同一天，報紙登出「外木山保護區變更風景區准了」，市府從三月初即積極爭取的濱海遊樂區計畫，在被五度打回票之後真的准了。

我不知老鷹將被如何看待，牠們的命運又將如何？那天中午，港區上空有五隻老鷹在烈日下盤旋，下方正有出殯隊伍繞著港區，牠們沒有下來港面覓食，而是在上空盤旋很久，且愈盤愈高，我用手遮住當頭的太陽，看著牠們消失在很高很高無邊的天際……

那天的出殯隊伍好長好長……

美麗的海灣變成這模樣，不知老鷹心裡怎麼想的。沈振中攝影。

那天下午，因〈叉翅、白斑與浪先生〉而捧回的時報報導文學獎獎座，在我心裡變得好重好重……

第二天，老鷹晚點名後不再落鷹瑪鋉山。怪手正從產業道路旁一路朝牠們落鷹的稜線挖去，那個已被我檢舉兩次且已停工好幾個月的非法挖山，不知是已被核准還是依然非法的地再度開挖了？然後，更糟的是，牠們落鷹的新棲息地正好在海灣遊樂區計畫中的纜車及滑草場附近，且該處已有一條小徑通過，我擔心牠們不是更容易就被抓了，就是兩、三年後當纜車及滑草場開始興建時，牠們不得不再度搬家。

令人擔心的事接續發生。就在人與老

鷹爭地的同時，黑環這隻人類的放生鷹也正式向風口的老鷹挑戰，牠要搶浪先生的巢——

那是八日上午，八點剛過，黑環停到浪先生繁殖區的枯樹上，另一隻將牠趕走。八點十二分。黑環再停到枯樹上，另一隻再俯衝而下，牠倆就爪抓著爪，掉落林裡再飛出。此時，空中四隻老鷹在那兒盤旋，看著，似乎還有什麼更精彩的事將要發生。

八點十六分，黑環開始鳴叫：「ㄈㄧ—ㄡ！」、「ㄈㄧ—ㄡ！」地叫著。

八點廿二分，叫了十三次之後，黑環飛入浪先生的巢。咬起枝、咬起草又放下。兩分鐘後，牠離巢，仍停到枯樹上，繼續叫著。

八點三十分，黑環突然起身，快速鼓翼飛入巢內，當我將二十倍望遠鏡轉向巢時，只見巢中兩隻老鷹，面對面、爪抓爪，嘴頻頻相鬥，還一邊發出「ㄐㄧㄐㄧㄐㄧ」的急促尖叫聲。此時，三隻老鷹在巢樹上方轉著，與我一樣看著這突來的變化，我第一回看到老鷹們打架打得如此地凶，我也第一回聽到如此急促的「ㄐㄧㄐㄧㄐㄧ」聲。

然後，不知怎地，牠倆一個翻滾，竟然雙雙倒掛在巢下方，四爪不知被什麼勾住了，牠倆仍然面對面，「ㄐㄧㄐㄧㄐㄧ」的叫聲仍不停地發出，還在鬥嘴……不妙！當初白斑也曾被獸夾夾住而掛在巢下……正擔心時，牠倆已摔落樹林，雖然不見蹤影，但是仍能聽到「ㄐㄧㄐㄧㄐㄧ」的聲音。糟了！不會是被我們繞的鐵絲網纏住吧！我急忙從小山頭衝下產業道路，再往上爬向巢樹下方的樹林裡，「ㄐㄧㄐㄧㄐㄧ」、「ㄐㄧㄐㄧㄐㄧ」一直響著。我氣喘吁吁地還未爬到巢樹，只見其中一隻已由地面鼓翼而起，飛出林外；另一隻幾乎是坐在地上的，發現我的到來，也趕緊鼓翼飛出，地上的草叢、葉子上沾著片片白羽，牠倆真的是從巢上打到樹下，幸好沒有傷亡，風口的老鷹已死了兩隻，不能再有傷亡了……

激烈的戰鬥後，黃昏的晚點名照樣進行著，十八隻老鷹依然一起盤旋、滑翔並偶爾一追一地玩耍著。晚上，牠們仍沒有落鷹瑪鍊山，顯然是放棄了那原先最安全的棲息區。

戰鬥並沒因一晚的休息而停止，隔日清晨，黑環與另外十一隻老鷹就在落鷹的林子裡進行頻繁而複雜的「搶位子」遊戲，不是停著的不讓另一隻占牠的位子，就是飛來的趕走停著的，這對牠們似乎很重要，因為枝上總有另一隻一直不動，我猜八成是小姐，其他搶來搶去大概就是鷹先生想親近她，「搶位子」其實有點像人類的「看誰先約到她」。

那天下午，沒什麼風，老鷹們無法進行晚點名的儀式，一共十二隻停在情人湖畔的高壓電塔上，一直到十七點零八分才陸續起飛；在風口繞了幾圈後，就逐隻隱入山林裡。用二十倍望遠鏡，隱約看到牠們仍在「搶位子」，甚至發出「ㄈㄧˋㄜˋ ㄜ」的警告聲，該不會連晚上跟誰站同一枝過夜都要搶得你死我活吧！唉！這場繁衍後代的爭鬥不知要持續多久。

說著說著，除了「搶位子」的找伴動作外，十三日那天，牠們開始另一項比較文雅的君子之爭──「咬枝與理枝」的競賽。

上午八點多，六隻中的其中一隻試著在所站的樹枝上，用嘴去咬身旁突起的枯枝，想將它折斷，看牠一邊維持平衡免得摔下，一邊努力咬著，不知是力道、角度不對，還是那根枯枝太結實咬不斷，只見牠試了幾次，終於放棄。

接著，九點四十五分，另一隻不知從哪裡咬來一根細枝，停到樹上，不停地將細枝在嘴與爪間換過來、換過去，像是要整理以去掉不要的枝節，一不小心，喔！掉了，牠看它掉下……也沒再試著去咬枝。

當這兩隻在表演些動作時，樹上較高位的枝上停著另一隻，靜靜地看著，哈！

好像是選美大會，只不過牠們大概是小姐等著選較會理枝的先生吧！

在牠們正為繁衍下代而大顯身手時，農委會、農林廳等相關單位的保育人士，在十四日下午冒著大風大雨來到風口，原期待雨會小點，好讓大家看看牠們晚點名的盛況，沒想到，風雨一直不停，看完叉翅的巢，正在看白斑的巢時……稜線上突然一隻、兩隻……哈！九隻老鷹冒著風雨飛了起來！不知是這幾隻愛玩，還是牠們也感受到「風雨故人來」，意思意思地露了面，好像在說：「我們在這兒！」勉強地又拍又盤旋地飛了兩分鐘後，牠們就消失了。

不知這樣的會面能為牠們帶來多大的幫助，五天後，瑪鋉山的怪手已增加到三輛，非法挖山已挖到牠們棲息的林子邊了。五隻老鷹從風口越過我上頭，飛到怪手上方，在那兒盤旋、看著，也許牠們會好好記得這種怪物，當它出現時，就是準備要搬家的時候。我不知如何向牠們說抱歉，看著牠們，看著三輛怪手將牠們棲息的樹木一棵一棵地挖倒……為什麼保護總比破壞來得晚呢？

這幾天，黑環與其他老鷹之間的關係愈來愈惡化，每當牠要停到電塔時，就有一、兩隻老鷹起來趕牠走，牠真的是很不受歡迎，而牠確實是把這群老鷹的繁衍大事搞亂了。

對老鷹來說，這一個十二月似乎是一個內憂外患不斷的月份，對牠們不利的事繼續發生。

廿三日，二十隻老鷹在寒流中舉行晚點名儀式。然而四天後，偏偏當有更多關心牠們的人想一睹盛況時，牠們卻是一整群十八隻停在電塔上，讓大家巴望了一個下午。

廿七日，三十多位愛鳥人士在炮臺古蹟的觀景臺等牠們晚點名，那天沒什麼風，近黃昏時溼度卻突然增加，老鷹們隨後一隻接著一隻地停到電塔上，似乎不想飛的樣子。愛鳥人士遠遠地以二十倍望遠鏡看著牠們十四隻；等啊！等啊！終於飛起來了，牠們一隻接著一隻地飛離電塔，可是卻不是飛到晚點名的領空，而是飛往大武崙山的另一側，我們無法看見牠們，不知牠們飛去那兒做什麼。我們繼續等……六分鐘後牠們又一隻一隻地飛回電塔，再三分鐘後電塔已增加至十八隻老鷹，有點太擠了，此時已是下午四點五十七分，看來，牠們今天是準備「罷演」了；十七點三十分，牠們再度一隻一隻地離塔，這回牠們更是讓愛鳥人士又氣又愛，牠們竟然一隻隻地「溜」走，隱入夜色中。也許是剛才離開的六分鐘那段時間，牠們開會商量「今天人太多，不要晚點名」，也或許只是風力不夠吧……我想。

原來是希望藉由賞鷹活動喚起更多人注意牠們的存在，進而關心、保護牠們，沒想到，卻引來了一位自稱養鷹人的朋友，他一直探聽老鷹晚上睡哪裡？巢在哪裡？好不好抓？……聽到他這一連串的發問，我嚇壞了，為什麼偏有人只想到要抓起來自己養著看呢？回想當初在寫叉翅與白斑牠們的繁殖故事時，也有人一直在打探：「巢在哪裡？」我不曉得這些只想知道巢在哪裡的朋友心裡到底怎麼想的，我只想說，我真的好想說：「求求你們，牠們已所剩無幾了，請不要再抓牠們，請不要干擾牠們，請讓牠好好生下幾隻小老鷹，好嗎？」

八十二年一月。老鷹在情人湖約會

新的一年在八隻老鷹參加元旦升旗典禮的驚喜中展開。

元旦那天沒什麼風，上午六點半剛過，文化中心前的典禮司儀正請市長準備開始升旗典禮，與會的有基隆各界代表。此時，六隻老鷹一群，外加壓隊的一隻，共七隻奮力鼓翼通過火車站，越過港面，來到文化中心前升旗臺正上空，像是飛機行列式般地越過典禮會場後，即迅速鼓翼左轉中正公園飛去；在牠們還未消失前，第八隻老鷹也以同樣的路線越過升旗臺上空，也一樣地左轉，向中正公園飛去。

那時，好希望如果市長及各界代表都抬頭看到牠們，也許將有更多人會一起來關心牠們。可惜，那時只有少數幾位德育護專的學生及一位記者看到。實在是可惜，這幾乎是不可能的巧合——老鷹參加元旦升旗典禮——就這樣，只有少數幾個人欣賞到。

一月起，老鷹咬枝、理枝的競賽更加頻繁，而那「ㄈㄧ—ㄡ！」的叫聲也密集地出現在清晨及黃昏這兩個時段，而且，幾乎都是同一隻在叫，至於黑環，則仍舊到處被追趕……

三日清晨，六點廿五分至八點間，一隻老鷹站在同一枝上叫了卅七次，好像在央求什麼，而其他老鷹似乎不太想理牠，因為牠們正在進行複雜而高難度的求偶儀式。

六點五十分，一隻老鷹抓著枯枝在空中盤旋，牠將枯枝在嘴與爪中不斷交換，然後不知是故意還是不小心，枯枝掉了；只見牠一轉身，俯衝而下抓起枯枝，再咬

十二月到次年一月，參加晚點名的老鷹達到最大量。沈振中攝影。

幾次後，枝又掉了；牠同樣再俯衝抓枝，繼續咬來咬去。身旁另兩隻原只是一直看著，接著其中的一隻開始追牠，牠的枯枝再度掉落——這回似乎是故意放掉的——牠沒衝下去抓起，倒是追牠的那隻俯衝下去抓了起來。實在看不懂牠們這樣做有何意義？此時，黑環正被另兩隻老鷹追趕著。

緊接著七點廿三分，兩棵相鄰的樹上各有一隻在咬枝，且樹上各另有一隻站在較高位的橫枝上看著。咬枝的那兩隻橫步到突枝邊，用嘴將枝折斷，踩到腳下，嘴不斷在枝上咬來咬去，時而將枝咬起轉個身再踩住繼續咬，在上位的兩隻則側著頭看著。七點廿七分，其中一隻的枝掉了，試著再咬枝不成後，牠離開了，此時，另一隻咬著枝換樹到牠的位置來，一樣將枝咬來咬去，沒幾秒的工夫，大概是原先飛離的那隻回來了，原以為牠們會因此打架，沒想到，換樹表演的那隻竟乖乖地自行離去……喔！是自知犯規、越區了，還是自知打不過牠？

然後，林子裡一陣抓枝、咬枝、入林又出，再抓枝入林……好混亂！已分不清到底是誰在向誰表演，突然，牠們全飛了起來，往電塔飛去，其中一隻還抓著一團草……不過在空中給丟了。

九日那天的下午，市府建設局農林課主辦的賞鷹之旅在霧中進行，十八隻老鷹仍只在電塔上聚集；十日下午，狀況依舊相同。我開始懷疑……老鷹不喜歡太多人看牠們嗎？還是僅是風力不夠，無法晚點名？這幾天，黑環曾連著三次要停於電塔，卻都被趕走，有時甚至是三隻老鷹一起趕牠、追牠，這群老鷹似乎是恨透了這隻人類的放生鷹，真不知牠到底做了多少壞事？

原以為市府辦賞鷹之旅後，會更積極地保護這群愈來愈稀有的老鷹，沒想到，才隔兩天，市府即在十一日發文，正式公告外木山變更保護區為風景區；報紙於十五日登出公告內容，公告說：「若團體或個人有意見，可於一個月內具名向市

也許老鷹會好好記得這種怪物，當它出現時，就是準備搬家的時候。沈振中攝影。

府提出，以做為都委會審議參考……」我不知道有多少人會看到這份公告？有多少人會因為幾隻老鷹向市府提出異議？我難以理解的是——市府在確實看到這群老鷹的存在後，非但沒有重新評估開發案對生態的影響，反而急著公告變更計畫。更意外的是，那非法挖山也在市府核准後，變成合法開發。牠們的棲地註定要被徹底地毀掉了，在牠們混亂的繁衍之爭還未分出勝負之前，牠們在與人類之間的生存之戰中已明顯地「輸」了。寒流緊接著一波波地到來，情人湖連續十天籠罩在冷風冷雨中，即使大年初二時，二十多位朋友遠從臺北冒雨來看牠們，牠們也懶得飛起來一下……天氣好冷、好冷……

我已不知該如何幫牠們了，總是希望有更多人看到牠們晚點名的盛況而被感動時……偏偏牠們那麼巧地就是不舉行晚點名儀式，我該怎麼辦？

十九日及廿一日的下午，我孤零零地撐著傘來到炮臺古蹟的觀景臺，又冷又雨又颳大風，我坐在石階上，雨傘不知是在擋風還是在遮雨，實在很冷……身子一直在發抖，想抖出最後的一點熱能……

想著去年一月廿二日開始記錄叉翅、白斑牠們這一群老鷹，那時牠們正熱鬧地在築巢、交配、搶配偶……而此時卻是如此淒涼。叉翅、白斑死了……重要的棲地被毀了……黑環帶來一陣混亂……海灣的景觀即將變樣……我卻束手無策，看著空盪盪的情人湖上空，我知道牠們也在避雨，縮著身子，讓雨淋著……然後、然後……牠們竟然飛起來了，在這又冷又雨又大風的時候，牠們一隻隻經過我面前，那樣接近地經過我面前，彷彿在說：「我們都在這兒，我們還是要飛起來，我們就是要在情人湖上空飛起來……」

我顫抖著，不知是興奮還是冷，用那已僵硬的右手一隻一隻數著：「……十五、十六……」牠們在大風大雨中滑翔、盤旋、追逐……接著，牠們飛回大武崙山的山頭，「……十七、十八……」再滑出向海，有一隻單獨來到我上頭，幾乎停在那，像在觀察我，我跟牠相望著，是鷹群的長老嗎？我靜靜地伸出右手看著牠，「你好……十九、二十……」然後，我不敢相信，幾乎叫了出來！廿一隻！再數一遍……是廿一！真的是廿一隻老鷹在冷風冷雨的情人湖上空約會。

我再伸出右手，向著牠們，向著這一年來最大量的鷹群道聲：「新年快樂……」雖然這一個新年將會好冷好冷。

二月。無法預知的未來……

寒流終於要過去了，當陽光再灑向風口，老鷹們又將開始築巢、交配，為繁衍後代而忙碌。

一月底，老鷹逐漸散去，十七隻，十五隻……黑環仍然被追趕……十四隻、十三隻……三十日那天，艾家已成對出現，而郝家、浪家在未找到配偶前也已開始抓枝、整理舊巢了……七隻……卅一日下午五點五十分，這一季最後一次的賞鷹活動在老鷹一隻隻從電塔上「溜」回家中落幕。

二月起，老鷹將在各自的山林裡努力築巢、交配，暫時忘記棲地被破壞，忘記海灣的逐漸改變……然後在未來的歲月裡，也許有幾隻會生出小老鷹，有幾隻可能一直找不到伴，也許還會有人抓走小老鷹……然後……牠們仍然會等待那約會時刻的到來，等待下一季的晚點名……

在電線上築巢的烏秋（大卷尾）

八十一年一、二月時，在基隆的瑪陵坑看到一根電線上，有一小團散而糾纏著的草堆。六月中旬再去看時，那一小團草已變成一個鳥巢，一隻烏秋安穩蹲伏在上頭，那時，由衷佩服牠們，就在一根電線上築巢，而且已經在孵蛋了……雖然無法遮陽躲雨，但在電線上築巢大概是躲過人類捕捉的較好方法吧？

七月三日，已有四隻幼鳥在巢裡，眼睛還未張開，身體肉色，羽毛未長出，時常將嘴巴張得大大的，或者將頭垂靠著巢緣，似乎是熱昏了頭。四隻幼鳥擠在那顯然是被芭比颱風吹得有些鬆散的巢裡。

大卷尾全身黑色而有光澤，常停棲於電線、牛背上。陳永福攝影。

兩隻親鳥已開始捕捉小昆蟲育雛，食物有蟬、蜻蜓。親鳥會咬著昆蟲直接飛回，或先在附近的電線上處理一番：咬著蟲的胸部，上下移動，將蟲的翅膀折回與身體平貼，再回巢邊。幼鳥一「感覺」親鳥回來，就把頭頸伸得直直的，將嘴張大大的，並不斷劇烈地顫動，不知親鳥如何決定要餵誰。若幼鳥無法馬上吞入，親鳥會再咬起，仰頭把蟲在口中上下移動一番，換個角度，讓蟲體直直地進入幼鳥嘴裡。有一回，共試了八次才將蟲塞入。

幼鳥才剛一口吞入，馬上又張嘴乞食。不然就是屁股一翹，親鳥馬上湊上前，一口咬去白白的糞囊。那天從十一點三十分至十三點四十五分，共看到親鳥咬蟲回來餵食十六次，平均八分鐘一次；咬糞囊後則會馬上吞進去，只有一次是咬到別處。糞囊看起來乾乾硬硬的。

兩隻親鳥輪流抓蟲餵食，餵完後並不會停在巢邊，大都看看後就又飛離去覓食了。

下午，下了點雨，一隻親鳥飛回巢，站在巢緣，張開雨翼，伏下，蓋住四隻幼鳥。雨打在牠那黑得發亮的羽毛上，更顯得晶瑩亮麗……

七月八日，幼鳥長出羽毛，眼睛已張開；嘴仍時常張得很大，頸子伸得較前些日子來得長，偶爾會張開雙翅，但還沒有拍翅的動作。牠們擠在那愈來愈鬆散的巢上，顯得隨時都會有掉落的危機，奇怪的是：牠們怎知不要隨意跨出巢？牠們仍會偶爾把頭垂掛在巢緣，睡著了；醒著時，會啄啄自己的羽毛，是在學習梳理了？還是有寄生蟲在騷擾？

那天，九點至九點四十分，親鳥共餵食十六次，十點四十至十一點卅五分餵食十一次，平均三、五分鐘一次；另外共咬走糞囊三次，但沒看到牠們吞下，不知帶到哪裡了。

七月十二日，大熱天。

幼鳥已有明顯尾羽，羽色也較像烏秋了。巢已經不像巢了，四隻幼鳥等於是站在纏有枯草的電線上，一隻已站在巢外，一隻站在巢緣，巢已容納不了牠們了，牠們長大了許多。

「ㄐㄧㄐㄧㄐㄧㄐㄧ」，牠們已會用聲音來乞食了，還會猛力拍動雙翅，一次拍個三至四秒……牠們準備要飛向自然。牠們偶爾還會將一邊的翅膀往下拉直，像伸懶腰般地舒展筋骨。生命在蛻變，一種自然的節奏無形地在驅使牠們一步步準備飛離巢，飛離親鳥的保護，飛進無限的大自然裡。

今天陽光炙熱，除了吃、叫、鼓翼等，牠們隨時都會——頭慢慢垂下、垂下、垂下……眼睛無力張開……垂下……上半身也垂下，整個身子平靠在一根電線上，等於掛在那兒睡著了……頭繼續下垂……垂過電線，就在幾乎要一頭掉下時，尾部下壓，剛好兩頭平衡，就那樣掛著睡著了……

親鳥咬食物回來時，睡著的那隻剛好橫在巢邊，親鳥將上半身壓在牠身上，努力伸長嘴要將食物餵給巢緣的那隻，探了三次才餵成，而睡著的那隻，仍安穩地掛在那兒熟睡著，連眼睛也沒張一下，也沒有要掉下來的跡象。

十點多，陽光正熱，親鳥背陽展翅，只能遮住兩小，牠把頭右轉向著陽光，然後左傾靠向左翼肩，頭就那樣斜斜地靠著張開的的左翼肩……好熱……眼睛慢慢閉上……兩翼仍張著……牠頭斜靠著……眼睛閉上了也睡著了，一家子都睡著了……

十二點，再一次，這回，頭左轉、右傾靠向右翼肩，一樣慢慢閉眼……打了個盹……

今天的糞囊看起來較溼軟，幼鳥吞進食物後，並不再翹起「屁股」做「排便」狀，而是「屁股」朝下壓，有時還左右搖兩下，好像告訴親鳥要「排便」了……親鳥這時會跳到巢下在空中奮力振翅，並在空中咬住孩子的糞囊……好辛苦喔……

從十點四十至十三點四十共咬走八個糞囊，其中一個當場吃了；三小時內共餵食廿五次，平均七分鐘一次。親鳥似乎無法確定哪隻才餵過，有時會看到某一隻連著被餵三次，還有一隻在其他三隻共被餵七次後才輪到牠，不知會不會因此而發育較慢，或有被另三隻欺侮的危險？

七月廿四日，隔了十二天，巢已空著了，四隻幼鳥在電線後附近的樹枝上做近距離的飛行……或三隻、兩隻或一隻，叫聲已由「ㄐㄧㄐㄧㄐㄧ」轉成「ㄏㄨㄧˇㄉㄧㄡˋ˙ㄜ」，還會將兩翼上舉約四十五度快速顫動，同時叫著：「ㄏㄨㄧˇㄉㄧㄡˋ˙ㄜ，ㄏㄨㄧˇㄉㄧㄡˋ˙ㄜ」。當親鳥咬食物靠近其中一隻時，另三隻就會靠近，或從別處飛來搶食，逼得原來咬到食物的那隻不斷橫步「側」退；親鳥不干涉或排解糾紛，只有當食物因搶奪而掉落時，才會一個俯衝而下咬起食物，再交回原來那隻。

即使不是餵食的時候，幼鳥仍會互相橫步驅趕，不論在電線上或樹枝上，生存之戰已開始，也許這是在投入大自然之前必須先學會的吧。

接下來的某一天，牠們將會在親鳥的帶領下飛進大自然裡，而明年的春天，同一地點，將會有另一窩幼鳥被細心照顧、長大……

註：就在這根電線下的工廠裡，一對紫嘯鶇也在機械房的牆角上孵出一隻幼鳥。工廠的人說：「已連續三年了，烏秋、紫嘯鶇都生出孩子、離開、再來……」感謝這家工廠，讓牠們有個不會被打擾的「家」。

無法飛翔的鳥兒

之一

牠一共在德育住了八十三天，並由十多位保育社同學輪流照顧牠；原期望養牠一年，等那被剪過的羽翼復元後，能見到牠展翅重回大自然的懷抱……

五月一日晚上，鳥會來了一通電話：「基隆有人撿到『老鷹』。」我驚叫一聲：「天啊！」不會又是像叉翅那種狀況吧？聯絡到深澳坑一幼稚園園長——陳純，我便帶著叉翅曾住過的籠子搭計程車趕往。

被剪翅的鳳頭蒼鷹。臧保琦攝影。

牠是鳳頭蒼鷹，比老鷹小。牠的頭因為衝撞籠子而血跡斑斑，頭頂的羽毛也因此而掉光，顯得光禿禿的樣子。當有人靠近時，牠會身體斜斜向後，整個尾部坐下，眼睛睜得大大的，張著嘴，側著臉看人，我以為牠是蓄勢要啄人，後來發現，當我去抱牠時，牠也是這個姿勢，而且縮成一團幾乎等於躺著，也沒有「啄」的動作……大概是不知該怎麼「處理」人類這龐然大物的「侵」近吧！

當鳥會派人來測量基本資料時，才發現牠的兩翼有被剪過的跡象——是有人養過牠，為了不讓牠飛走而剪掉嗎？可憐的鳥兒。至少要養一年才能再長出飛羽，好長的一年。原本是空中活躍的精靈，現在卻只能站著，偶爾跑跳一番……牠為何要有如此的命運呢？誰讓牠受這種苦呢？

報紙登出消息後，基隆一位養鷹人士打電話來說他願意養牠，我先去看看他養鷹的環境。雖然我不喜歡那種把鳥據為己有，偶爾綁著繩子讓牠們飛的模式，可是至少讓有經驗的人養著，比較有可能復元吧！在鳥會查詢電腦確定該養鷹人登記有案後，我帶著牠去見他，沒想到他看了一眼後便說：「養這個沒價值啦！」我愣在那兒。他在說什麼？怎麼由主動說要養，變成說牠沒價值？他把牠當成什麼？嫌牠小？落魄？不威風？他以為牠是什麼？我以為他是好心人，沒想到他是為了「價值」。

也許牠註定要在德育住很長一段時間吧！德育才成立沒多久的自然生態保育社，就這樣接下這創社以來第一件保育使命。

她們排班，將雞脖子切成兩段，上下午各餵一次，一次餵一段。牠一看到她們拿著食物靠近，就跳到籠子邊，一爪抓著籠子，一爪已伸出籠外「搶」去雞脖子。有一回牠沒抓準，抓到學生的手，嚇得那位同學再也不敢去餵牠；牠抓到食物後就躲到籠子一角，側頭看著人，要等到人離開後才肯進食。牠用一爪踩著食物，接著低下頭，用口咬一塊肉，一塊一塊地吃。當有人偷偷靠近看牠的吃相時，牠就會停止進食，並側頭看人，不知牠在想什麼？還是不喜歡被「看著」進食？

由於籠子不適合牠活動以保持體力，所以六月初，我們就在校園裡找了一些不用的木板，為牠蓋了一個小小的鳥房，再用幾根木棍釘了兩層橫槓，讓牠可以上下跳動。

我們曾試著將食物拋向牠，讓牠用爪在空中抓住食物，每次牠都站在較高的橫槓上，左爪抓著橫槓，右爪伸出抓住食物，抓是抓到了……可是，每次都是接著，然後又摔下來，不知是食物太重還是左爪無法平衡、支撐？

六月廿一日上午，學生去餵牠，發現鳥房的門開著，她驚叫一聲，以為牠被偷了或被野貓叼走了，沒想到這一叫，牠被她的叫聲嚇得抬起頭來看她；原來昨晚門沒扣上，牠大概是自己撞開門，到屋前一堆廢棄物上晒太陽的！

隔天，我們清除廢棄物，為牠整理屋前；我們先圍了一塊院子，然後搬來兩個只剩主幹的馬拉巴栗盆景，再找來兩根木棍在兩盆景間做成上下兩個橫架，讓牠可以上去晒太陽；我們還另外準備一個較大的水盆，裝四分之一的水讓牠可以洗澡，泡泡水後再晒晒太陽，應該很舒服的。

學生就在每天上午十點多，太陽開始晒到牠的院子時，將食物放到院子裡較高的橫槓上，再把牠的門打開。牠一下子就從屋內的架子上跳下，接著快跑跳上院子較低的架子，並咬住雞脖子。

有時，牠會跳高似地直接跳起再咬住食物，然後整個身體摔到地面，真是拚了命在抓食物。抓完食物後，牠仍是一樣躲到院子的一角，然後，側頭看著學生，等學生離開後才開始撕咬進食。等一至兩小時後，學生再去趕牠進房子；不過牠倒是不需學生特別趕牠，牠早已乖乖地站在屋內的架子上，以一腳站立，側頭看著，不知牠是做完日光浴後或是吃飽了就回屋內？

六月底，學生考試的某一天，我們決定讓牠到較大的空間活動，遂抓著牠到池子旁的草地上，沒想到才鬆手，牠就衝到池子裡，雙翅拍呀拍的，也像是一種泳姿；好不容易再將牠抓起，牠又衝到池子另一邊，再抓起，牠卻跳到池邊的水溝裡……牠大概不適應那麼多人看著牠，一急就亂跑了。

借來吹風機慢慢吹乾羽毛，發現牠已開始長新羽。牠又躲又閃一陣子，慢慢地，牠安靜下來，我們拉開飛羽，吹完再吹胸腹部、背部……一不小心，吹風機碰到牠的爪，牠馬上啄了學生一下，學生一句：「對不起！」更加小心，避免再燙到牠。

一群學生圍看著，就像爸爸媽媽在呵護幼小的孩子般，她們大概是第一回跟猛禽這麼接近過。

為了有助羽毛的長成，雞脖子上偶爾會沾些蛋黃或棉花，不知牠感覺滋味如何？希望牠趕快長好羽毛，趕快再拍動翅膀吧！

七月，天氣轉乾熱。有時雞脖子沒吃完，引來蒼蠅、螞蟻，再加上牠排出的糞便，鳥房變得又髒又臭的，必須隔天就清洗一次。

七月十四日至廿二日，我出遠門，牠的一切起居完全交由學生照顧。

廿二日晚上，我回到家，看到留言簿上寫著：「呆師：今天當我去看鳳頭蒼鷹時，真不敢相信，這是事實，或許是牠自己的決定吧！牠不再看我了，只靜靜地躺在那兒，一動也不動的……牠死了！……滿身的寄生蟲……或許牠解脫了吧！不能飛的鳥兒……佳琦／七月廿二／下午三點三十分」。

註：該鳥已由學生寄至臺中自然科學博物館。

之二

牠只在德育住了一天，牠也是鳳頭蒼鷹。

八月一日上午，鳥會打電話來說：「瑞濱有人撿到掉下的幼鳥——嘴巴彎彎的，應該是某種鷹……」

撿到牠的年輕人並沒有將牠關在籠子裡，而是用尼龍繩輕輕地綁著牠的腳，讓牠站在籠子上，牠對人沒有什麼警戒動作；一隻狗在旁看著牠，還對我吼叫，大概是奉命保護牠的。牠的羽毛已長好了，試著讓牠飛，牠卻飛不起來，只能在地面跑跳，而附近山頭並沒有看到巢或親鳥在活動，推測牠可能是學飛時掉下來的。

我用紙箱裝著牠，並在回學校時順路買了雞脖子，再將牠放入「鳥屋」內較高的橫槓上；我拿著半截雞脖子在牠眼前晃一晃，見牠沒反應，就把雞脖子放在架子的一端。我躲在一角，牠一直側著頭看雞脖子，兩到三分鐘後，牠左爪、右爪一步一步橫靠過去，接著用爪踩住，咬了一口後，牠發現我在看牠，便轉頭看我……

向鳥會報告狀況後，才知牠還小，須切小塊小塊肉餵牠；回鳥屋時發現牠右爪抓著雞脖子，嘴邊有肉，我用筷子夾切成小塊的肉給牠，牠一口咬住，嘴一張一合，想把肉移入嘴內，可是，肉一直鉤在嘴尖；我把肉塞入嘴裡，牠仍一樣一張一合，肉依舊是黏著嘴巴似的，無法吞入；即使將肉塞到舌根近喉嚨處也一樣。我注意到牠的舌頭是「灰白色」，可是沒想到是「不正常」的，只是擔心牠無法進食，遲早會餓死……

用吸管試著滴水給牠，牠也是一樣的動作，嘴一張一合，水卻從嘴邊流出，牠甚至用力擺頭，水就這樣被甩了……牠有時會仰頭用力吞嚥，不知道為何會這樣？牠很想吞點東西，可是又無法。

我不知怎麼辦，只能期待牠如果餓了，會想辦法吃點吧，因此我在水盆裡放了半截雞脖子。

八月二日上午，牠站在水盆邊緣上，眼睛望著盆裡的雞脖子……很想吃吧？可是，為何不吃呢？餵牠吃，牠連嘴都不張一下，我只能勉強將牠的嘴巴打開，塞了一塊到牠舌根處。

下午，牠的嘴巴上有螞蟻在爬，上午塞的那小塊肉仍在嘴裡。聯絡鳥會的鳥類急救站，祁鳥友建議我先送至鳥會；我把牠放入紙箱後，牠馬上趴下。在基隆到臺北的公車上，牠的頭開始下垂，當我抓起牠時，牠的頭用力甩了一下，像呼吸困難一般「嗤」的一聲，有什麼塞在牠的氣管、鼻孔？牠的尾羽翹起來，左右搖擺著……撐到鳥會吧！那兒有人會救你的！我不時撫摸牠的頭……牠的嘴不斷輕輕張合著，眼睛已無神。在紙箱裡，牠的身體由趴姿慢慢轉為側躺，尾羽再翹起搖了兩、三下……我知道來不及了……

在統領下了車，趕搭計程車到鳥會，沒想到在車上，牠就走了……

到了鳥會，正好有人加班，他們說牠的舌、嘴不對勁，我不知牠「痛」的感覺如何？可是想著牠望著雞脖子卻又無法吃的表情，想著牠努力仰頭想要吞下一點點水的表情……我想是很痛的……牠連飛起來一次的機會都沒有。

與大冠鷲對話

八十年十二月六日，下午四點，在護理大樓後面的枯樹上發現你，昂然挺立在那兒，兩眼不斷巡視整個校區，察看這片山林的一舉一動。

你也發現了我——一個必須透過望遠鏡才能發現你的人類。你兩眼瞪著我，那種眼神令我一陣愧疚，這片山林是屬於你的，再往前踏一步就是冒入，就是侵犯了你。

不知你已守了這片山林多少歲月，我們的開路計畫是否破壞了你的棲所，甚至你的巢？上午在這兒看到的那隻較幼小的，是否就是你的孩子？看他在樹枝間不熟

大冠鷲的翼下有明顯的白色橫帶。林文宏攝影。

練地跳飛著，大概是被我嚇著了。此時的你是否在擔心著，並考慮是否要另尋一片山林？這裡的山頂冒然開出一條山路，大概會對你造成莫大的威脅吧！

待我再踏前一步，沒來得及再看你一眼，你已輕輕地縱身一躍，不須鼓動雙翼一下就消失在另一個山頭了。

我怎麼了？再靠近一點並不能讓我永遠擁有你啊！

八十一年一月廿八日，上午十一點。這一個多月來，總是拿著望遠鏡在那一枯枝上搜尋你的蹤影。以為再也看不到你了，以為你永遠離開德育了。雖然去年十二月三十日，曾在校園上空聽到你們慣有的叫聲；可是，我不能確定，那是否就是你，或是你與另一半。

今天，驚喜地在另一枝頭上看到你，不，應該是你的孩子吧！癡癡地在那兒，一個小平頭模樣的頭頂，頭後有著不明顯的白羽，個兒雖小，但眼神卻已十足的「大冠鷲」了。

八十一年二月廿六日，上午，我在教室上生物課，隱約聽到你那慣有的叫聲「忽、忽、忽溜」，我停止講課，請學生打開窗：「聽，有沒有聽到？」有人馬上反應：「有！老鷹……」喔，請別傷心，她們可能是這輩子第一次聽到你的叫聲，我趕緊畫黑板，說明你與老鷹非常不一樣，也強調你的叫聲是天空獨一無二的，而你也是獨一無二的「大冠鷲」。

下午四點。我從山頭下來，經過你常停棲的枯枝下，忽然聽到一個清脆的起飛聲——糟了，我又嚇到你了！我真莽撞，下山前，也不先用望遠鏡瞧瞧，你一個滑行，依著與上次同樣的路線，飛到另一個小山頭了。我悄悄地走下階梯，到校區裡，透過望遠鏡，看到你正在察看腳下的山徑，察看校區的大樓。已近黃昏了……

真抱歉！讓你無法好好歇腳休息……

幾位保育社的學生有幸透過望遠鏡遠遠地與你四目相對，她們看了你好一段時間，然後興奮地說：「牠轉過頭來看我們吔！」我們本就屬於這片大地的子民，希望你了解我們無意冒犯你，也請你教教我們——在山林裡生活到底是怎麼一回事。

三月廿八日。上午雖然是陰天，我卻是三喜臨門，首先，確定白斑開始孵蛋了。接著九點左右，看到風口上有四十二隻灰面鵟過境，直往海上北返；你知道嗎？這可是我第一回一次看到這麼多猛禽，而且是在我不經意、沒預期下抬頭看到的……這也是基隆地區第一次的紀錄。最後，十二點，你們讓我看到了壯觀又優美的求偶動作——空中翻滾。

你們兩隻一上一下，一邊由內陸朝著風口滑過來，一邊對叫著；我一時興起，將二十倍的望遠鏡轉過來看著你們，愈來愈近。而你們也慢慢縮短彼此的距離，下面那隻突然一轉身往上飛到上面那隻下方，然後彼此爪抓爪，我以為你們要纏鬥一番；哪知一瞬間，你們就爪抓爪，一上一下，連續在空中翻滾了約四圈，再分開滑翔到風口內側的樹林裡，一邊叫著，一邊逐樹飛跳著……回憶起那美妙、不到三秒鐘的翻滾，我只能說謝謝，謝謝你們讓我看到這麼精彩、高難度的求偶儀式。

接著你們逐樹觀看，邊叫著，邊試著換角度看樹；偶爾在枝上，偶爾在樹冠的葉叢上，偶爾在筆筒樹的葉子上，一棵換過一棵，似乎雙方都不滿意。下午一點，起霧下雨了，你們在霧中仍偶爾傳來不一樣的叫聲，好像在討論著要選擇一棵隱密、安全，又有合適高度讓孩子學飛的樹木來做巢，這還真是一門大學問呢！

四月十三日，晴天。八點四十分學生正在考試，你們一小群四隻，就在教室上方飛得很低，一起叫著，又抖動雙翅……先考完的學生大飽眼福，也一群十多人擠在樓梯看你們。半個鐘頭後，你們各自散去覓食。學校對面的山林裡，一隻鳳頭蒼鷹對著你們的一個夥伴抖翅，宣布那是牠的領域；你抓著一隻蜥蜴，後頭也跟著一隻鳳頭蒼鷹，卻沒有對你採取行動，等你停到學校後山的枯枝上，正要用餐時，兩隻鳳頭蒼鷹一前一後，在那兒抖翅，向你宣告，這也是牠們的領域……牠們的領域也真大，把我們學校前前後後都納入了。你不得已，才吃兩口就得換個較隱密的樹枝繼續吃了起來。

四月十四日，晴天。從三月廿八日看到你們精彩的求偶動作——翻滾後，就一直想看看你們是如何築巢、交配的。可是，半個月了，明明知道你們就在附近，雖然一大早聽到你們在叫（七點不到），雨天裡也在同一地方聽到你們的叫聲，但就是看不到你們。四月十二日那天，看到你們一一入林，卻仍是無法看到你們停到哪棵樹裡。

你們似乎很謹慎，不像老鷹那樣進出巢（很快就被找到）。今天傍晚五點半，你從遠方回林，我一樣看不到你到底停到哪裡了？

平常，你們愛停在枯枝上，有時離馬路不遠，但等繁殖期一到，你們就一改平日作法，偏偏就愛停在茂盛的樹葉裡。

看來，要觀察你們的繁殖行為確實是不容易的。

四月廿六日，上午陰雨。十一點天空放晴，風口一陣熱鬧，老鷹、灰面鵟、赤腹鷹、鳳頭蒼鷹，還有你們……幾乎同時出現；我一時不知該把望遠鏡轉向誰。

十二點二十分，你帶著另一隻看來未滿一歲的小大冠鷲正要通過風口，哪知三隻老鷹合力攻擊較小的……

十二點四十分，你們再度轉回風口，這回，浪先生一路把那隻較小的趕到遠方山林，而你在C區上頭折回，浪先生就在遠處與那小大冠鷲盤旋著，其實那裡已離他的領空很遠了，牠不怎麼猛烈攻擊也沒發出警告聲，只偶爾慢慢衝向你的孩子，有點像在玩。這一玩就玩了十分鐘。

一大一小就這樣被拆散了。

下午一點，天氣轉為陰天，你們又馬上消失得無影無蹤。你們似乎對天氣滿

大冠鷲的幼鳥密布橫帶。林文宏攝影。

「挑剔」的，陰天、雨天不可能看到你們；當陰天一轉晴，你們馬上有叫聲。偶爾天氣太悶熱時，你們也不太想出來活動。

整個四月份經常看到你們三隻一群，其中一隻，依兩翼的紋路判斷應是去年才誕生的，仍未完全獨立自主。有時你們兩老護送小的通過風口，有時一隻照顧他。偶爾他自己行動時，風口的老鷹總會不留情地聯手「玩一玩」，其實他們也只是愛玩而已，整個風口，大概也只有你們可以讓他們「欺侮」一下，幸好，他們從沒真正抓傷過你們。

提起兩老帶一小，我想起二月三日在遠方的山區裡，看到一老帶一小學習獨立；那也是一個晴天的日子，十一點二十分到十二點三十分之間，老大冠鷲一共抖翅廿一次，而後面跟著的未成年大冠鷲，卻只能跟著盤旋而一次也抖不成。老鳥邊「抖」邊「忽溜、忽溜」地叫著，未成年的卻「ㄈㄧˊ一．ㄜ」、「ㄈㄧˊ一．ㄜ」地回著，連叫聲也不太像。當老鳥滑翔時，未成年的卻滑沒多遠就「ㄈㄧˊ一．ㄜ」地轉回要盤旋了，然後連續「ㄈㄧˊ一．ㄜ」、「ㄈㄧˊ一．ㄜ」的也不想盤旋了，便停到山頭的枯枝上休息，老鳥仍繼續盤旋、鳴叫……

二月九日上午再去看他們，那未成年的已能偶爾勉強地抖翅一下，叫聲也比較像「忽溜、忽溜」。接著老鳥突然來一個「俯衝」，這下，可把未成年的嚇壞了，牠哪敢試……？

你們的小孩子要依賴你們那麼久嗎？你們一次只生一個嗎？很像我們人類，一次一胎，而且要照顧好幾年。你們大概很心急吧？春天到了，你們又得準備繁衍新的一代，可是去年生的卻仍黏著你們……

左甩與右甩——風口的五色鳥

這兩隻五色鳥就在浪先生與白斑常停的一棵枯樹上啄洞，進出孵蛋、育雛……發現牠們是在六月二日，雖曾在風口看到不少隻五色鳥啄洞，但總是啄沒多久就放棄了。而這兩隻的洞已啄得很深，甚至可以鑽入整個身體。

牠們鑽進洞裡，一到兩分鐘後倒退著出來，嘴上咬著一團木屑，腳爪抓著樹幹，停在洞口下方，身體面對洞口，然後嘴就一甩，把木屑甩掉。其中有一隻每次都是將木屑往左甩，另一隻偏偏往右甩，所以分別叫「左甩」與「右甩」，由於距離太遠，鳥又小，我透過四十倍望遠鏡努力地找尋兩者身體上的差異，好不容易終於發現左甩背部的紅斑較鮮豔，而右甩的則較灰暗，我也注意到牠倆還有一些行為上的差異。

把木屑甩掉後，牠倆並不馬上再進洞，而是停在原處，整個身體往後仰，仰到幾乎與地面平行，然後頭再不斷左右搖晃看著洞裡，身體也跟著晃起來，大概在檢視洞口，看看洞裡的寬度、角度是否合適了。左甩的頭、身體左右擺的幅度較大，右甩擺動的則較輕細，左甩是男的？右甩是女的？一個大而化之？一個輕巧？看看後才一溜煙又鑽進洞裡。

那天看到左甩花在啄洞、清理木屑的時間共一百卌六分鐘，進出五十九次，平均二點三分便清出一堆木屑。右甩花了一百卌四分鐘，進出五十六次。牠倆的次數，速度不相上下，倒是左甩偶爾會「溜班」休息一下再回來。上午十一點至下午一點，牠共溜班五次，一次離開約四到七分鐘不等，不知牠溜去哪兒？做什麼事？而右甩就沒發生過這種事，我直覺地認為左甩是男的，右甩是女的，好像「男」的發生這種事的可能性較大……

六月三日，向鳥會提及，確認背部紅斑較鮮豔的是「公鳥」，較灰暗的是「母鳥」，所以直覺沒錯。

換班的方式，大都是一隻離開後，另一隻再飛回洞口鑽入，有一次是右甩到洞口啄一下左甩的尾羽，左甩退出飛離後，右甩才入洞，動作一氣呵成，顯然很有默契。

六月六日，巢洞大概啄得夠大了，牠倆可以頭朝內鑽進去，然後頭朝洞口鑽出來，顯然可以在洞內轉身，巢洞大概快完成了。

牠們探頭出來時，嘴仍咬著木屑，但不像三日所見在洞口就甩掉，而是東看西看一下子後，飛離巢洞，不知咬去哪裡丟掉了，也不知為何倒退出來時是在洞口甩掉，頭朝外出來時卻咬離巢洞。

偶爾，探頭出來時，沒咬著木屑，但牠們在東看西看後，會整個身體鑽出洞口，再一轉身、一溜煙，頭朝內鑽回洞裡，動作乾淨俐落。

然後，六月十三日，大概開始孵蛋了。牠倆仍會探頭到洞口，但已不再咬木屑出來，也沒出洞口再轉身鑽回洞內。現在牠倆會探頭出來，左看、右看、上看看、下看看，然後就直接縮回洞裡。探頭在外的時間由一至六分不等，在洞內的時間則是一至十分鐘。上午天氣較熱時，待在洞裡不到四分鐘就探頭出來，嘴張大大的，大概在透透氣吧？轉涼時，就逐漸增加留在洞內的時間，從四分鐘，拉長到五、

七、九、十分鐘。倒是下午一陣大雨時，蟬聲大作，牠倆卻又二到四分鐘即探頭出來看看……真不懂牠們，該不會也喜歡聽蟬聲吧？

六月十六日，我發現左甩探頭在外時，頸部也會露出，因此，我可看到那鮮豔的紅斑；而右甩則只露出頭的一部分，有時甚至只露到眼睛部分。而頭露在外頭時，左甩轉動頭的幅度也比右甩大，看牠側著頭，一會兒歪這邊、歪那邊，一會兒轉向上，又轉向下，真是有點「愛玩」、「好動」的樣子，牠通常探頭一分鐘就縮回了，而右甩則是探頭在外平均二到三分鐘。

五色鳥常發出寺廟木魚般的「郭郭郭——郭郭」，喜在樹上啄洞築巢。陳永福攝影。

這一天，左甩出現在巢洞的時間共三百廿七分鐘（包括在洞內及洞口），而右甩卻只有九十四分鐘，不曉得怎麼是「他」孵蛋較長時間？

換班的方法有三種，通常是一隻飛離，沒多久後，另一隻飛入。偶爾是一隻至洞口親一下洞內的伴侶，等洞內的鑽出洞，洞口的就鑽進去；較少發生的是洞內的先探頭在洞口鳴叫幾聲，確定伴侶有回音（或者看到伴侶飛回附近？）才離開，隨後另一隻進入，而這第三種情況只發生在左甩叫右甩回來……

六月廿日至七月廿五日，牠倆仍進進出出，一直到七月廿八日才看到牠們抓昆蟲入洞，不知小五色鳥何時孵出的？也不知共有幾隻？九月十五日，風口仍不斷有五色鳥「郭郭郭——郭郭」地鳴叫，洞口隱約有一隻五色鳥，只是已不知那是誰了，頭沒露出，一直躲在洞緣看外面，或許是小五色鳥吧！經過這麼久，該要飛走了！

〔卷二〕

生命的悸動

自然本就在我們的身邊，去野外探望其他大地的子民，可能不是一般人的習慣；但在家裡的一角就有牠們的蹤跡，邀請你試著就近發揮「仁民愛物」的胸懷，關心一下你生活裡的小生物。

一九九二年三月廿一日，一群十六、七歲的小女生組成「自然生態保育社」，當大多數同年齡的少女仍沉醉在繁華的生活時，她們以實際行動來保護地球，並逐步影響其他人一起來尊重生命、珍惜資源、找回純樸。

地球有感，必回以福報。

陳永福攝影。

廚房的蜘蛛

三隻蜘蛛，占據廚房的一角。一大二小織成的網，竟然彼此相通，結構頗為複雜；飛的與爬的都有被網住的可能。

三隻各有各的勢力範圍，而三個據點又剛好成一直角三角形。大的占據直角位置，中型的占銳角，小型的占鈍角，那複雜的網就位在水槽與牆壁空隙裡，長七十五、寬廿五、高三十公分，而果皮菜屑的垃圾桶就位在這空隙的開口處。

我從三月八日開始記錄牠們……

大的那隻，腹部特別膨大，有黑白細紋，就給牠取名胖腹。三月八日晚上，牠已捕得一小蟑螂，正在吸食。位於銳角的那隻，看來還年輕，就給牠取名為阿青，阿青順著網路逐步靠近胖腹，胖腹眼看阿青就要來搶走食物，就越過食物，直逼阿青，阿青的體型不如胖腹，哪敢抵抗？就慢慢背向退回據點。胖腹將阿青逼回後，就在兩角的中間處弄斷幾根網絲（不知牠如何弄的），然後轉回，將食物攜回直角處。這食物本是在最小那隻——阿郎的據點裡落網的。卻被胖腹一個箭步搶去，害得阿郎只好躲到牆壁邊，等胖腹處理好，再回牠的據點。優勢似乎是屬於胖腹的。

三十分鐘後，又一隻小蟑螂在阿郎下方著網，一陣掙扎，胖腹又快速地將牠攜回據點，獨享兩隻生命，另兩隻只得期待胖腹滿足後留一些給牠們捕食吧！

牠們總是一動也不動地在那兒等待，牆邊的螞蟻則是不停穿梭、忙碌，一動一靜皆是生命。

從三月八日到四月四日，胖腹陸陸續續結了五個囊狀物，四日那天，四位朋友來看廚房的蜘蛛，討論著那到底是貯藏食物的袋子？還是育嬰囊？第二天，一個囊破裂，約一百隻的小蜘蛛就密密麻麻擠在另四個囊旁邊，一動也不動。

胖腹的身材也沒改變，仍是胖胖的，身上有黑點點綴，一隻大小相同卻較細長的同類想靠近她，牠們就各以前兩隻腳互相試探，接著不速之客愈來愈靠近胖腹……他是她先生嗎？從來沒看過胖腹與誰交配了，四日那天竟然一下就一百隻孩子誕生。她先生想要做什麼？胖腹沒讓他靠近，他只好乖乖停到一邊去。

一百隻新生蜘蛛，保持不動的姿勢約一週後，四月十一日，牠們各自散開，一隻也不剩……不知都到哪去了，是被不速之客吃了？還是各自謀生了？

胖腹沒閒著，她又結了第五個囊狀物……

廚房的果菜殘渣邊，蜘蛛仍密密地布下天羅地網，連蒼蠅的幼蟲也被蜘蛛抓上去進補了。

（查資料後得知，那囊狀物稱為卵袋，也是用蜘蛛絲結成的。）

四月十四日，又一個卵袋孵出密密的一群小蜘蛛，起初一樣保持不動姿勢，之後部分小蜘蛛雖離開了一點點距離，胖腹仍然在旁邊守護，至於她先生呢？那位不速之客已占據銳角的領域，而原來在那兒的阿青，只好委屈自己，移到這直角三角形範圍的中間位置，此時小小的七十五乘以二十五乘以三十的空間裡，四隻蜘蛛形成一個誰也逃不了的陷阱……

果菜堆裡的果蠅幼蟲逐漸長大，正好成為蜘蛛的食物。

四月十九日，原來「不速之客」也是女士。她在銳角處結了一個卵袋，形狀、顏色都與胖腹所結的一樣。那天晚上，胖腹又結了一個卵袋。

四月廿一日，胖腹孵出第二群小蜘蛛。

四月廿三日，胖腹身旁一共有六個卵袋。

四月廿六日，不速之客努力織網，阿郎、阿青都失蹤了。

四月廿七日，胖腹的第三群小Baby孵出。

四月廿九日，胖腹身邊一共有七個卵袋……且有愈來愈多的趨勢。

五月三日，胖腹身邊一共有八個卵袋。

五月四日，不速之客也不甘示弱，她也有一群小蜘蛛了。廚房裡多了幾隻小蜘蛛在結網，在牆角，瓦斯爐邊、門縫……

五月七日，胖腹的第四群孩子出生。

五月八日，胖腹失踪，七個卵袋仍在。

五月九日，不速之客的卵袋掉落。

五月十二日，仍不見胖腹的踪影，她的第五群孩子出生。廚房裡已快變成小蜘蛛的天下了，連水槽、鍋子裡都有牠們的蹤跡，我真的是做什麼都得留意了。

五月十四日，胖腹的第六群孩子誕生。

五月十八日，胖腹的第七群孩子誕生。胖腹仍未見蹤影。

後記

牆角的蜘蛛不會把你當食物；地上的小昆蟲，不是你的天敵，下手之前請看看牠們，只要好好看牠們十分鐘，你就會發覺，牠們與你生活了那麼久，你竟然一點都不了解牠們，而今，牠們卻要在你一聲驚叫，或一次掃除中喪命……再怎麼樣也是一條命，生物無論大小，都是一條命。下回一掌或一腳下去前，請考慮，牠對你有立即的生命威脅嗎？

如果你已開始對老鷹有興趣，可是你又不可能像我那樣，撐著傘在某個山頭坐一天，吹風、日晒、淋雨，其實，你也並非要去看某種較大型的動物，才能表示你尊重、關心其他生命，你的桌角、牆角……也可能正在發生類似叉翅那群老鷹一樣的生命故事，也許還更精彩。

就讓關心從你生活周圍的生命開始吧！

兒童的自然心

之一

候車亭有一隻小狗在晒太陽，一位小女生看了看牠，然後很高興地跑至媽媽身邊，拉著媽媽走到小狗旁，小女生說：「我叫牠小黃吔，牠好好玩！」媽媽說：「不要跟不認識的狗玩！」然後把小女生拉到另一邊。小女生邊走邊回頭看狗，也看到我，她一臉困惑，似乎要找個支持她的人，我對她微笑，她也對我微笑……

之二

情人湖上頭的炮臺山古蹟裡，有許多蜘蛛在樹與樹間結了很多網，有一些網子就在步道旁。假日裡，炮臺山來了很多遊客。

第一個家庭，吃完中餐並收拾好後，似乎沒事可做，爸爸就拿起石子往蜘蛛網丟，兩個小男生也跟著丟，孩子說：「我們拿這練投！」媽媽隔遠遠地說：「不要丟牠們啦！」爸爸則回答：「網還沒破，再丟！」第一個網的蜘蛛移到樹枝上，當他們開始丟緊臨的第二個網時，媽媽連忙靠過去提起野餐盒：「好了，不要丟了！回家！」他們終於跟著離開了……

第二個家庭，媽媽說：「不要靠近蜘蛛！」

孩子反問：「牠會咬人啊？」媽媽威脅道：「你碰牠，牠就咬你。」

孩子不解：「妳怎麼知道？」媽媽則不耐煩地說：「我想的啊！」我沒有轉頭去看媽媽及小孩子的表情，我在兩個蜘蛛網旁坐了四個鐘頭，離牠們不到半公尺遠……

之三

有一位話說得不是很清楚的小朋友來到情人湖山頭。爸爸把他抱到石椅子上；他站著看海，海面有許多輪船，然後，他用一種似乎是驚嘆的語氣說：「有人倒了好多水給輪船玩喔！」

海灣雜記

單車騎士在黃昏急駛過漁村，
警車也幾乎同時來巡邏海灣。

一隻八哥在上午穿過風口到達漁村，
下午，牠越過風口回去內陸。
小型公車上午來載上班族與學生去市區，
下午，它就載同樣的人回到漁村。

也一樣越過風口。
它跟人一樣，例假日停駛。

「飛行」傘在週日停留在風口上方，
實在不必炫耀，那怎可叫飛行；
你能一個轉身俯衝而下，再拉起盤旋而上嗎？
那應該叫「飄流」傘。

一隻外來狗不小心走進海灣土著狗的領域裡，
頓時，牠陷入狗陣；
自知敵不過眾狗，牠安靜地原地不動，
讓狗領袖嗅著牠的屁股，
牠甘拜下風以求全身而退。

阿婆指著望遠鏡說：「你要照牠們喔？」

小孩子搶著從望遠鏡看海上的大小輪船。
阿伯說他曾抓過小老鷹，養過。
他指了指叉翅巢的方向說：「那裡有巢。」
我正擔心，
他接著說：「現在不抓了。」
另一位阿伯滑倒了，右臉流了許多血，
他堅持用大自然的草藥敷傷；
幾天後，仍然是五、六隻狗陪他到溪邊挑水。
血跡仍在他右臉。

夏天到時，
釣客、泳客、看風景的人兒漸多；
漁村的烤香腸攤陸續開張。
鴿子、麻雀紛紛到香腸攤前，
啄拾人丟下的垃圾食物。

海灣的沙灘上建起兩棟遊客中心，
海灣的一角正挖石、築牆，
那兒要有一個海水游泳池。

一條錦蛇滑過我腳前不到半步，
約有我身高長；
牠沒對我怎樣，
我也沒有驚叫，或突然站起來嚇到牠，
牠靜靜地滑過，
我靜靜地坐著看牠。

小孩子指著叉翅的巢說：
「那裡有巢，圓圓的！
去年番仔上去抓小鳥，
烤。」

永遠的海灣

海灣展開美麗的弧度
風口就在弧度的最凹處
我們愛在風上盤旋、滑翔
我們愛在雨霧中的山頭穿梭追逐

海浪推擠錯落的岩石
海風沿山壁上升

我們沿山壁迂迴盤旋
越過可愛的兵營，越過善良的漁村

竹雞在矮林間吵雜
大小彎嘴在芒草裡穿梭
我們在山頭俯視眾生
一條小小的公路弧形地駛過

大冠鷲是我們永遠的鄰居
魚鷹、紅隼總在冬天來作客
飛行傘、滑翔翼在週末與我們共享藍天
愛在夏天來堆垃圾的是討厭的遊客

海灣展開美麗的弧度
風口就在弧度的最凹處

漁夫釣客與我們分享海裡的魚
我們的最愛是他們的無邪與純樸

鶺鴒在水陸與房屋間自在來去
魚狗、磯鷸在岩石與海面間越過
麻雀與鴿子會到路上啄食物
藍磯鶇總在岩石與屋頂挺胸昂首

山紅頭、頭烏線常有輕脆的鳴唱
領角鴞低沉的催眠在夜晚
像鳥叫的蛙鳴總在溪畔合奏
風與浪是海灣永不停止的伴唱

純樸與和諧是我們的信條
即使爭鬥也永不傷及肌膚

不必宣告海灣是屬於誰的
只需宣誓「我屬於這裡」

海灣是美麗的弧度
風口就在弧度的最凹處
不必濃妝或淡抹
自然就是你我天生的最美、最美

海灣展開美麗的弧度。沈振中攝影。

生命在一念間

（一）

從蓮花池的蓮葉上抓起一隻即將溺死的蛾
輕輕把牠放在池邊的石
靜靜看牠慢慢地復甦
冬天中午的陽光很舒服

（二）

在路中間看見一隻蜥蜴
用腳引牠爬到路邊的草叢裡
對牠說：
「去去去，去走你的路。」
牠好像說：
「謝謝你，我是一時糊塗才爬進了人的道路。」

（三）

學生從紙箱裡翻出一隻蟑螂
她踩死了牠
我問她，牠是否咬了她

否則為何要殺牠？
紙箱裡又倒出了三隻蟑螂
四腳朝天拚命地抓呀抓
我用手指輕輕將牠們翻呀翻地翻過身
一大二小驚慌又失措地四處爬呀爬
我對她說：「看，都是妳，害得牠們妻離又子散。」

舊地重遊

由海灣起飛，滑過數個山頭，越過數條人類穿過山谷的公路，不到五公里直線距離——基隆港口就在下面了。

不是我們念舊，不是我們那麼難以割捨這曾經是我們最愛的港灣；來這兒的第一個原因是：港面飄浮著人類丟棄的一些碎肉，我們可以輕而易舉地獲得一天所需的食物。在這被人類霸占的世界裡，在這自然生物愈來愈難生存的日子裡，大概只有在垃圾中求生存才是最好的方法吧！

來這兒的第二個原因是：記取教訓，隨時注意人類如何由港灣一路攻占到附近所有的山頭。人類的開發能力非常地強，挖山填海，開路建橋，在每個山頭蓋上亭子，插上他們的旗子，表示那是他們的。其實，山林的真正主人應該是我們這些自然的生物。然而，我們永遠贏不了人類，因為，自然萬物只有人類會使用複雜的工具與武器，人類一到，我們就得另建棲所。他們人類不是講尊重、講民主嗎？怎麼要我們搬家也不先問問我們，就怪手一挖、廢土一倒，害我們有時連孩子都來不及帶走，就眼睜睜看著黃土、倒樹掩埋了我們的家、我們的骨肉……想著想著，不禁擔心起我們那美麗的海灣與風口，不知哪一天也要在一夕之間，淪陷在人類的手裡？說什麼建國民住宅、開發休憩遊樂區……奇怪，人類這地球的管理者怎麼沒想到我們也需要住，也需要遊戲的地方？為什麼從來沒有人為我們規劃這些呢？

唉……港灣其實是我們的傷心地，環繞整個港灣已找不到一處適合我們停棲築巢的山區，放眼望去，一棟棟高的、矮的房子，一條條寬的、瘦的公路，好擁擠地幾乎是用「塞」地蓋在整個港灣四周，從海平面一直往上延伸到一百公尺高的山區……不知道他們為什麼喜歡這種擁擠的生活？

由於沒有適當的停棲場所，所以我們拾到（用爪抓起）碎肉後，能立即吞入的就吞入；若是拾到較大塊的肉，就藉著風往上，然後在文化中心、麥當勞、國際百貨這一帶的上空一邊盤旋，一邊享用美食。在這一大片人類建築物的上空盤旋進食，感覺滿奇怪的，以前這裡是碧水綠地，現在卻是五顏六色的花花世界……就在人類時間八十一年一月廿九日下午三點十分至三十分之間，我們的一個夥伴連著吃了九塊大大小小的垃圾肉塊，看牠才抓起不到兩秒就吞入，大口大口地，這種創紀錄的吃垃圾速度，讓我不禁懷疑我們老鷹是否還有一絲絲的尊嚴可言！真是悲哀！

而對於我們出現在都市上空，似乎也沒多少人類注意到。雖然從早到晚，不停地會有車子在我們覓食區域的附近放下許多乘客，但他們難得停下來看看，不是因為剛好在排水溝出口，太臭嘛！就是看膩了這個港口，又或者下車只是為了再搭另一部車！倒是一些拿著相機的，對於大大小小的船、建築挺有興趣的，拍這拍那的，會停在港邊久一點，但似乎也沒有人拍過我們，人類的眼光也未免太低、太水平了，從來不往天上看的……

說起人類的眼光，讓我想起有一天，一群年輕人就在港邊看著我，爭論著我是海鷗還是老鷹，然後，一個公的年輕人大聲說：「海鷗是白的，老鷹是黑的，是老鷹啦！」天啊！人類怎麼只會用這種「不是白的就是黑的」的方法來判斷萬物？其實我們根本不是黑的，是暗褐色的！而我們最大的特徵並不在顏色，而在像魚尾一樣呈開剪形的尾羽……唉！算了，他們下次八成又忘了……反正人類已習慣把天上飛的全叫「老鷹」了。

唉！港灣！只是我們覓食的地方罷了！吃飽了，回美麗的海灣，去與我們可愛的朋友、純樸的村民共度安靜、和諧的黃昏及夜晚吧！

拜訪大自然

每個月找一個沒有塵囂的野外，不論是山頭或溪邊，「獨自」帶著蒙古包去那兒體驗其他生物的「夜生活」。第一回，就從社區的後山開始。

社區的後山，也就是德育的後山，山頭正好有個平臺，可容納四至五頂雙人帳，從那兒可看到基隆嶼、基隆山、九份及整個被山環抱的基隆港區。

九月六日，晚上九點，我穿著拖鞋、一件背心、一件短褲，背上蒙古包，加上一支充電式手電筒，幾張筆記紙，兩條大毛巾，一架望遠鏡，沒有帶食物，便走上山。上山的路有一段設有路燈（只是為了給早起的人上山用，就點整個晚上？）

上山後還有一條環山公路，只是沒有路燈，而山頭就在路邊不到「一分鐘」路程。這裡我很熟悉，曾由不同的四個方向上來過，除了公路外，另三條路都是要鑽要爬的。

從山頭可看到整個港區一直延伸到九份山城的夜景，還有近處仙洞貨櫃碼頭整夜燈光通明，協和發電廠的三支大煙囪不斷有黑煙冒出……雖是繁塵盡在腳底，依稀的燈火甚美，可是這不是我上來的目的。

搭好蒙古包，本想在外頭露宿，無奈，蚊子咬了我幾口，渾身不舒服，才看到秋天的星座就趕緊躲入帳內。這次沒有聽到貓頭鷹叫。我曾經兩度在附近聽到那種「ㄏㄡˋ，ㄏㄡˋ」的叫聲，一次晚上十點，一次凌晨四點，很想看看牠們到底長什麼樣子，卻一直沒積極地去尋找。沒有了社區的叫賣聲、汽機車聲、人聲以及一種莫名的轟轟低吟聲，這裡只有蟲鳴，以及從仙洞方向的貨櫃碼頭隱約傳來的機械聲……

風吹著外帳，窸窸窣窣，我心裡不安地隨時看著帳外。其實，我心裡也知道，除了我，沒有人會在晚上來這個山頭，這裡除了蟲叫及休息的其他生物外，也不會有想像的其他生物出現。然後朦朧間不知幾點，機械聲似乎停止了，也好像沒有蟲在叫，然後我聽到像是貓頭鷹在叫的聲音……我大概又睡著了，其實睡得不安穩，因為未適應較硬的「地」床；三點多有婦人路過的時候，我似乎在半睡半醒中……四點多陸續有早起的人經過山頭下的路，那些都是老年人，他（她）們會互道聲：「早啊！」有一位幾乎每天定時到山頭的老伯也到了，他在固定的一個角落慢慢動起全身，從緩和的動作到大幅擺動的動作。

天際漸漸由暗紅轉橙紅、黃……我無法再睡著，我帶上望遠鏡走到帳外，此時蟲鳴已止，洋燕已在飛翔，只差鳥聲還未響起，山頭除了我，還有四位老伯，我們各做各的，蚊子已開始咬我。五點多，用望遠鏡看到初昇太陽的右上角有一群黑子。

六點剛過，我受不了蚊子咬，便趕緊收拾好，向社區走回。綠繡眼、白頭翁開始穿梭、吵雜，大卷尾混在裡頭湊熱鬧……

昨晚上山的路上聽蟲叫，今早下山聽鳥鳴，一種異常的舒適感，像是剛按摩過。

雖然沒睡好，可是……總有一天能完全融入大自然的夜晚……

這是在都市邊緣的一次夜宿，也許因為對那裡太熟悉了，所以感觸並不深。回想多年前曾興致勃勃地一個人帶著帳蓬到北插山區露營，一到晚上才知道什麼聲音都有，連葉子從樹頭一路飄落到地上的全部過程都「聽」得到，最後我動都不敢動地躺了一晚上，因為即使只是稍稍挪一下身體所發出的聲音，也都因那麼不熟悉而讓我「驚」了一下。到底是住在都市裡，耳朵熟悉的是機械、人聲，而大自然的聲音，連自己身體摩擦的聲音，原本應該很親切的，卻令自己心生恐懼……

只有當內在的恐懼完全消失時，我才能真正重返大自然。

候鳥來到海灣

八月底，九月初，藍磯鶇、灰頭紅尾伯勞、鶺鴒、磯鷸相繼來到海灣為即將來到的候鳥季展開暖身活動。

此時夏候鳥仍在海灣活動，鳳頭燕鷗、玄燕鷗、蒼燕鷗在海面巡視，一看到魚群，立即整群——有時多達四十多隻——像自殺飛機似的衝入海面，再振翅飛起；有時則各自在五公里長的海岸線外遊盪，或棲在獨立的礁岩上，或三至四隻，甚至二十隻一起擠在漂流的浮木上。

九月六日，兩隻藍磯鶇繞著圈子在追逐，相持不下，不知是一隻誤入另一隻領

映照輪船與基隆嶼的海灣是老鷹的最愛。沈振中攝影。

域，還是在玩？上午有廿六隻有著橙紅色腳的雁鴨由海面飛抵風口，繞了幾圈後，卻轉往萬里、野柳方向。下午，也有四隻蒼鷺由海面抵達海灣，但沒想到牠們直接一個右轉飛走。我用二十倍望遠鏡一直看牠們越過野柳海岬，不知牠們飛了多遠、多久……

由於海灣沒有河口，冬天又有強烈的東北風，會留在此過冬的鳥種及數量都不多，但看到牠們真的是飄洋過海、登陸臺灣，不由得心生敬佩……真想向牠們舉手致意。

那天下午，又由四十倍望遠鏡看到卅四隻紅領瓣足鷸，漂浮海面上，並不斷低頭啄食水面下的食物，再加上不斷來回覓食的鳳頭燕鷗及休息的磯鷸……整個海面將近有一百隻鳥在泳客、乘筏、泳圈及釣魚的釣客身邊穿梭。

天氣仍熱，但守在海岸線上，守在風口的山頭，將會帶來一次又一次驚喜與讚嘆……

才說著，九月九日就看到一隻軍艦鳥，牠還在我頭頂約三十公尺處繞了好幾圈，讓我看個夠。牠的飛行實在優美，首先在山頭盤旋而上，接著滑翔到另一山頭，再盤旋而上。十五分鐘之內，未見牠拍動一下翅膀。

〔卷三〕

那一片清淨地

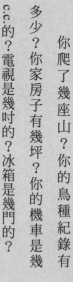

你爬了幾座山？你的鳥種紀錄有多少？你家房子有幾坪？你的機車是幾c.c.的？電視是幾吋的？冰箱是幾門的？

這件衣服多少錢買的？（怎麼這麼便宜，哪兒買的？）今年年終獎金有多少？我已換了三部車了。你出國幾次了？我有五百的鏡頭。你打工賺了多少？我三科不及格。你戀愛幾次？我失戀兩次。

百貨三年慶，便宜賣三折「起」（也可能九五折——省的錢不比車資多）。我有提款卡、電話卡、會員卡、貴賓卡……你手上那是幾K的？

旗山颶風狂吹四十分鐘，菸葉、香蕉收入損失兩成。

沈振中攝影。

人為過度開發、破壞自然環境，嘉義四種自然國寶瀕臨滅絕。

六年國建讓我們的國民平均所得，由八千美元提升至一萬四千美元。

某遊樂區年假日一天超過一萬五千名遊客。高雄市年初一至初三，垃圾近三千三百噸。

歐、美、日有些小學生已正式募款來購買一片雨林，為的只是不願讓快消失的雨林，被人類破壞、開發殆盡……臺灣的有錢人，你有「能力」買下一塊地，只是為了保護它，為了維持它自然的原貌嗎？

靈修淨土——簡樸生活記

離開鹽寮的「靈修淨土」已好幾天，腦子裡仍充滿著那裡的木頭、石頭及各種「惜福」的生活型態。這幾天，當在思考如何把那種「簡樸生活」的型態，在都市家居生活中推廣時，我的生活、使用資源的方式也逐漸改變中……

七十九年十二月廿九日

晚上九點，我騎著機車由基隆獨自來到花蓮的鹽寮。離開花東公路轉入往海邊的小徑，一眼即瞧見一棟獨特的木屋，屋前斜靠著很多形態不一的木頭，地上鋪著大小約略的扁圓石；幾隻狗被我的機車聲引出對我大吠，一個男人走出來看我一下後，就又進屋去。……那種由屋子、狗、人及夜晚所造成的氣氛，讓我覺得我的機車聲是不屬於這個世界的。

很謹慎地，不製造出任何聲音地整理好機車，我提著包包，脫了鞋進入木屋。已有兩位女性訪客在榻榻米上讀經，主人邀我一起參加，但他尊重我不參加的自由，便指向水泥房，讓我去洗洗臉、洗洗腳。我自個兒摸索著打開門，開了燈，赫然發現廚房兼「餐廳」、廁所及浴室，全都在這水泥房裡，而那好久沒接觸過的「鄉土」味道一一映入眼裡——像是未經粉飾的木頭所釘成的餐桌椅，還有垂掛在屋梁的一些袋子，袋子裡面裝著晒乾的橘子皮、一些餅乾、竹籐的蒸籠。而最讓我震驚並肅然起敬的是——在水龍頭上、廁所的牆上貼了一些白紙黑字：「能不用紙擦就不用，可以不用砍樹，用水洗不是很好嗎？」、「小便沖一半」、「水桶裡的水是雨水，請先使用」、「水龍頭下擺個杯子，可避免水流失」、「水龍頭勿開盡」、「少水洗多次」、「平常用水其實只用十分之一，其餘的十分之九都流失了」看著那一張張「惜福」的提醒，我突然覺得整個時空凝聚在那兒，好似整個大自然都在等著看我如何洗臉……我從來沒這樣洗過臉——水槽上的漱口杯已裝了半杯水，我拿起它，倒了一點水在右掌上，謹慎地將手含水再很快覆上臉，趁水未流開臉時，用力擦洗臉；再倒一次水，同樣的動作，沒有照鏡子。我感覺洗好了，而那半杯水還沒用完。

氣氛是那樣寧靜且有些神聖的。而這明明只是海邊的一棟木屋及水泥屋。我走向水泥屋外，狗隨我走到草地上，在黑暗中看到那隻《張老師月刊》提及的安哥拉羊，牠面向我靜靜地站在那兒，我沒走近打擾牠。我坐在一顆石頭上，靜靜地看著由石頭、木頭隨意擺置成的庭園，狗兒也坐在我身旁；眼前有大大小小、形狀不同的木塊，各排兩排立於一方塊範圍的兩邊——這樣安靜地對峙著，彷彿兩軍對陣永遠保持在一不緊不鬆的局面，那樣安靜卻又充滿無限的力量。我深深地吸了一口這海邊不一樣的空氣，告訴自己，我到了，到了《張老師月刊》所介紹的「靈修淨土」——區紀復的「簡樸生活」就在眼前，而我已在主人未教我之前，就很自然地實際體驗了。

十點。主人打開木屋門邀我進去「分享」。

剛才進來時並未仔細注意木屋內的擺置，現在，則有多的時間發現——木頭保持原色，未經粉刷；木架上有很多石頭，上寫不一樣的字，旁邊的橫梁掛著紙燈籠；再加上「榻榻米」那種有別於床鋪、水泥的感覺，整個「鄉土」的味道好似回到老家了。一旁有很多棉被，想必時常有人來此體驗不一樣的生活。

與兩位訪客分享為何來此，今晚的感覺，主人給人的印象是——長長的鬍子、很靜的，話不多，靜靜地看著我們三人，也靜靜地聽我們說話；腳盤著，並偶爾用鑷子將榻榻米上的細物放到蠟燭上燒掉。他很安靜。

這一晚，三個訪客睡在兒時才躺過的榻榻米上。我們被整個氣氛所感動，那是舒服的感覺。隱約恍若有地震，但我仍一覺到次晨六點半。

十二月三十日（週日）

我在木屋的走廊享受清晨的海風時，主人已做完他的瑜珈。早餐喝牛奶、吃餅乾。區大哥（他希望我們隨意叫）教我們倒一點開水在喝牛奶的碗裡，把剩餘的牛奶「洗」一下喝了，碗也順便「洗」了，如此一來也不用額外的清水洗碗。各人的碗就放在桌上各人的位置並用盤子蓋著，區大哥說一天裡只有在晚上才一起「洗」碗。

早餐後，我一人留著，其他人則上教堂做禮拜，順便採購這幾天的食物（區大哥自備塑膠袋）。

一個人享受整個海邊，躺在草地，狗兒也坐在一旁；在木屋看那兒放的一些與「簡樸生活」有關的書，累了就倒在木板上睡覺。此時，我開始有了疑惑，這就是「簡樸生活」嗎？是否太安逸享受了？不等我思索完，區大哥他們回來了，我們便開始準備午餐，從這時我才真正進入「簡樸生活」的核心。

廚房裡有瓦斯爐，當我正懷疑是否要用它時，區大哥帶我到水泥房後面，原來《張老師月刊》所提的灶在這兒；我們用草、細柴、紙生火，「一根火柴生一次火。」他說：「用過的火柴棒仍可留著引火用。」我在旁邊細細領會這生火、吹火、搧火的古老技術。木柴都是他及來訪的人從海邊逐日撿來的，沒仔細看還不知道，原來水泥房外圍的兩面牆上，堆滿了大大小小的木頭，有的劈過了，有的就是樹枝狀大小；區大哥說：「海邊到處是漂來的木頭，以前人人搶著要，現在大家都用瓦斯，沒有人撿了。」我坐在灶口，一邊聽著，一邊把粗柴塞入灶內，感受著這

上圖：無分男女皆要劈柴，為生火煮飯預做準備。德育護專自然生態保育社攝影。

下圖：在古老的灶邊體驗生火、搧火的簡樸生活。德育護專自然生態保育社攝影。

「純自然」的溫暖。

午餐的胚芽飯是在灶上蒸熟的。區大哥親自炒肉豆（山上採的）及青菜，並溫了一下鄰居送來的蝦丸子。菜料理完後，區大哥倒些水在炒鍋上，直接在灶上洗鍋，我看著他慢慢地、仔細地用少量的水，就把鍋子洗乾淨了，第一次看到不用清潔劑，只用熱水就可以把油洗去；此時，灶裡還有餘火，他倒了三分之二的水到鍋裡後蓋上蓋子，接著他說：「好了，吃飯。」喔！原來，生火、煮菜清洗、燒開水，就這麼簡單，一氣呵成！

我們唱完〈野地的花〉後才用餐。大家仍用早上各人用過的碗筷，這一餐飯不多，菜不多，我們吃得很「福氣」且「實在」，真的是吃光光。吃飽後，灶上的水也開了，於是，熱水瓶永遠有熱水讓我們當湯，順便「洗」碗。果皮及撿過爛掉的菜全倒在草地上當肥料，此時，我才留意到這裡沒有垃圾桶，想想也對，哪來的垃圾呢？

將塑膠袋拿至庭園晾乾，以備下次使用；洗過菜、盤的水則用來澆花，每樣資源都這樣被珍惜地使用。帶著許多的驚喜與讚嘆，我睡了一個舒服且「安心」的午覺，不再疑惑，且無愧於大地。

下午三點，我們陸續醒來，開始體驗另一種簡樸生活。

屋裡的一角放著各種工具，我們各自拿了手套、鉗子，往海邊不遠處走去。（此時已多了七位訪客：一家四口及三位獨自來訪的女性）那是孟東籬曾住過的草屋，已被颱風吹倒，我們打算把它拆了，重蓋。

初看好像滿容易的，直到翻掉上層茅草，才知下面還有好多層，每一層都由細扁竹枝綁成，我們就這樣鬆綁、抽草、抽出粗竹……好不容易才拆完半邊，並把壓在下面的半張桌球桌抬出。此時我已滿身大汗，腰痠、背痛，幸好區大哥體諒我們是第一次，於五點喊停，讓我們洗手、洗工具，再生火、煮飯，開始準備晚餐。

每個人都很累，且人數已增至十二人，但廚房門口貼著兩張紙條：「勞動的人有福了」、「不管多少人，每餐皆三菜增量不增菜」；然而，這一餐我們仍是吃得津津有味。

晚上的分享提前於八點開始，有人問區大哥對此地未來的計畫，有無時間表？他仍以一貫平靜的語調簡單勾繪未來的遠景，並說：「無時間表，完全順其自然。」他也說不可能每個人都仿照這樣的生活，只不過希望透過這樣的生活體驗，讓大家都能比較「惜福」，且實際減少對地球的汙染。聽他講時，我想到了一個地方「齊布茲」，任何國度的人都可以申請到那兒生活一陣子，每天上午工作六小時，有固定的生活費供應，剩餘的時間隨個人運用；如果要長期成為一員，則要申請為預備會員，經觀察後才會被正式認可。所不同的是那裡體驗只有一條規矩——「不准酗酒及吸毒」，一切靠自我約束，而在這裡體驗的是「簡樸與惜福」。區大哥說這裡的水費兩個月才八十六元。

其實這一天多，我已不太注意區大哥如何生活，重要的反倒是自己實際怎麼使用資源，怎樣在一天裡運用每段時間。在我心底已開始勾勒回去後的簡樸生活。

今晚，榻榻米上躺著五女一男，好像小時候在家裡睡大客廳一樣。不留意瞧見有人帶了報紙在看，但我不覺得電視、收音機、報紙此時對我有何意義；我繼續看周兆祥的《另一種生活價值》——他不看電視，騎腳踏車上下班，不裝紗窗，不裝冷氣機，不坐電梯，不進超級市場……我腦子裡回想起這半年來自己的一些決定——不養動物，在家裡及學校推行資源回收，以及不吃肉、不殺生（包括不使用蚊香），我也慶幸能讓自己來這裡體驗此種生活，想著想著，我知道，我已愈來愈接近自己想要的「回歸自然」，帶著非常的肯定，我漸入夢鄉。

十二月卅一日（週一）

六點半，我到海邊打坐唸阿彌陀佛，狗也在旁，其餘人在木屋做瑜珈。早餐仍一樣簡單：豆漿及大餅。飯後討論決定去溪谷內看一獨立廢棄的木屋，再沿海邊撿石頭回來。

我們穿拖鞋，有人（我也是）索性赤腳。路上順便拜訪了一位從西部搬來沒多久的女孩，一人獨享三房一大廣場的房子（房租才三千）；她的家居很簡單，櫃子是撿來的，未經粉刷，保持木頭色；塑膠袋一個一個打了結，顯然是受了區大哥的影響。小學就在路旁，人口少，只包含一位校長及四位老師，而今年的一年級只收到兩位，兩個年級合上，明年也許沒有一年級了……一陣唏噓之後，不知誰冒出一句話：「我們活在不得已的社會，也活得不得已。」回頭望那一排校舍湮沒在山的懷抱裡，而同行的一家四口已決定近期內搬來成為區大哥的鄰居；我不禁感嘆，再過幾年，在這小學念書、教書的恐無一人是本地人了。

我們來到了溪谷中，那木屋蓋在溪中獨立大石塊上，已破舊得不堪使用，我們想像曾經有一個人，獨自在這裡生活的情景。我們享受了整個溪谷的水聲、山的空氣以及人與人之間的交流，沒有零食也沒有音響，我們真正融入自然的和諧裡。

我們隨著區大哥一路撿塑膠、罐頭、垃圾，順著溪流到海邊。沿著海岸，撿各人喜歡的石頭。

中午，一樣三菜，一樣的生火、「洗」碗，「惜福」與感謝每一位準備食物的人，也感謝每一位一同來生活的人。

飯後，馬上和麵粉團，熬八寶湯，今晚要過年，所以，要特別一點，而所謂特別的，反而變成只吃饅頭與八寶湯。兩點多，麵粉團悶著讓它「發」，八寶湯則在灶上以小火慢熬。我們稍微休息後，就繼續昨天未完的勞動：拆完另一半草屋，搬出另半張球桌。一位軍校男生從高雄一路問到這兒，也加入我們的勞動。

五點多，開始做饅頭。無論大人、小孩，每人依個人創意揉成各形狀的饅頭。蒸饅頭時，有人洗澡、有人看書，或休息。我一直在灶邊照顧火，並與一位從嘉義來的夥伴閒聊，感覺像是小時候在家裡準備過年的情景。最後一共花了兩趟才把饅頭全蒸好。

六點，區大哥搖了一下廚房垂掛的小小銅鈴，輕脆的聲響聚集了十七人，一樣大小的餐桌圍了兩圈；那一家四口來自新竹，另外還有三位本地人，兩位基隆人，高雄、嘉義、花蓮各一人，臺北四人，加上主人。晚餐吃饅頭、八寶湯，並額外「燙」了一盤青菜。由於高雄來的軍校生正參加「飢餓三十」，區大哥便帶我們為那些飢餓的非洲人民以及所有生命祈禱。晚餐是簡單的，卻很豐富。

本以為大夥兒在十二點才有跨年活動，晚餐後就與嘉義來的夥伴到海邊繼續對話。此時，區大哥已在木屋帶領其他人做一年的整理與分享。回來時，他們正好結束，大夥兒就往海邊準備迎接八十年的來臨。

我們在海邊生起火來。時常從臺北坐夜車來，週日晚又趕回去上班的陳小霞說了三十年前的一段故事：一位臨終的神父對他三十多位學生說：「蠟炬流淚灑燈檯，光輝遺世動乾坤」。並要那些學生想想要過什麼樣的生活？只要活得好，還是要對人類有影響、有貢獻？那神父走後，三十多位學生各自完成學業，出國進修，幾年前，他們相約回國，為自己的國家做點事，區大哥就是其中之一，而《天下雜誌》曾陸續做過的人物介紹裡有好多位都是那神父的學生。我很想知道那神父是誰，小霞說是個平凡、普通、不知名的神父而已。望著區大哥在火焰的那一邊，前額反射著火的光輝，他仍用一貫平靜的話，帶我們思考未來一年要做些什麼，並讓我們在八十年之前的最後十分鐘在心裡默默為生命祈禱、祝福。區大哥盤著腿，兩手指尖在小腹前剛好微微靠著成「♡」，我心裡已經想好回去後要如何過自己的簡樸生活，並盡可能地影響更多人過惜福的日子。

零點整，我們輕唱〈明天會更好〉，弄熄營火。沒有狂歡沒有高亢的歌聲，我們過了一個暖在心頭的年。

八十年一月一日

六點半，區大哥仍如昔地搖了一下那又小又輕脆的鈴聲，就自個兒生火準備蒸昨晚剩下的饅頭。我獨自一人上山去看看區大哥常提及的山洞——曾有一人住在那兒，自己種菜、養雞維生。其餘的夥伴則仍在睡夢中，一切是自由的，就如廚房門口的作息表下所寫：「時間是有彈性的，內容則由人而定。」

山洞其實只是大岩塊突出形成的遮掩區，由石頭堆成的蓄水池邊掛著一些衣物——很舊了，而附近有兩塊平地已長了近一百公分高的植物，延伸出去的一塊石頭正好可看到海邊，我想那人大概常坐在這兒冥想。

摘了些蛇莓及肉豆，心裡盤算著，如果是我，將如何整理這個地方。回木屋時已有一半人去望彌撒。我整理了包包，拿了兩本書，《另一種生活價值》及馬以工的《一百分媽媽》，另取了一塊石頭，上頭寫著「道路」，放了一些費用在小盒子裡，與其他人輕道再見就離開了。

木屋及那裡的一石一草仍那樣安靜的，人也自得其所的各自做各自的事，一切那樣祥和。

離開那裡，反倒像正要進入自己的簡樸生活。機車在南澳壞了，我改搭好久好久沒坐過的火車回基隆；在車上，回想起區大哥說過，曾有一女孩在那兒依自己的方式生活，直到有一天當她與大家一起除草、翻土時，她抓著泥土哭了，她說她從來沒好好摸過泥土。我的心底有一股暖流在激盪著，我告訴自己，我即將開始過不一樣的生活。

註：「簡樸生活」——花蓮壽豐鄉鹽寮村福德坑二號（花東公路十二公里處）。
電話：（〇三八）六七一〇六五
主人：區紀復

山林與步行的筆記

步行筆記

八十年七月一日。週一。

在三峽大埔的溪邊紮營。換上泳褲讓全身泡在清涼的溪水裡，一天的疲累頓時消除了一大半。

溪床上有人垂釣，釣起的魚非常小，要好多——約十幾尾才夠煮一小碗湯。溪床的石頭上有貝殼化石，溪流聲清脆，趁著落日餘暉，我換上乾淨的衣服，坐在石頭上，記錄這步行的第一天。

一路上車聲「轟隆」而過，我像走在人體的大動脈裡，紅血球急速駛過，把車上的氧分送至每個預定的地點。華江橋因卡車的經過而上下震動著，人體的血管應不致如此超載吧。

一早出發即是上班顛峰時間，每一個「站」牌都「站」了很多人等車，看到他們即將面臨又一天的工作，我才覺得我是多麼幸福，可以如此自由地行動。在都市裡穿越不少陸橋及紅綠燈，不曉得在人體內的血管中是否也要類似的管制？

一部部小汽車擦身而過，感覺到車內排出的「熱氣」，車內正享受著「冷氣」，而站在外面的我卻得無異議地接受他們製造出來不要的「熱氣」……

一、二人仍在昏暗的夜色中把握最後可能的收獲，青蛙在水畦邊規律地鳴叫著，夜鷺在尋找晚餐，白鷺鷥要回巢了，溪水一樣潺潺地流著，不知名的蟲迎著夜晚的到臨開始陸續登場。白天的主角該休息了，晚上的時刻就留給大地的精靈們吧！

在溪邊泡著痠痛的腳，吃青椒、玉米、水果，蚊子也開始吻起我的血管。

七月二日。週二。

黎明——像害羞的少女，淡粉紅的妝在剎那間被「白」給取代，白鷺鷥早於我醒來，已在石頭間跳躍覓食。水畦旁已聚集三位婦女在洗衣服，伴隨半個月亮在空中，清晨不等待誰，按時到來。

收拾沾有露水的蒙古包，越過溪水，越過水畦，在大多數人仍未醒來前，我邁向第二天。

在十一公里遠的大溪吃早餐，在龍潭一座大湖中的一間廟宇的戲臺上睡午覺，陣陣清風好入睡，不知睡了多久，醒後才知全身痠痛，左腳已起水泡，右腳也有了異樣，兩大腿的肌肉亦如昨日仍微微抽痛……

傍晚，在關西一混濁的溪邊紮營，將就吧！這是附近較乾淨的一條了，洗澡、洗頭、洗衣服也不覺異樣，躲在蒙古包裡躲蚊子吃晚餐，晚餐是從龍潭一路背來的半條麵包、兩根玉米、一個蘋果、兩個柳丁、一個青椒。

皮膚已成紅暈狀，有燒灼感。

七月三日。週三。

不適的身體，夜晚反覆翻身十數次。夜半透過「紗門」仰望北斗七星，想到外頭賞星，卻又懼於蚊子的襲擊而卻步。黃土色的溪水變得異常清澈，大概是上游的施工處在夜晚休息，讓河流也休息了一晚。

上午一起步，右大腿至膝蓋間的疼痛已使每一步都覺得「苦」。步行快成了「苦行」了。

行程已完全進入山區，較少的村落、偶爾駛過的車子，彎曲的山路忽上忽下，忽而有陽光，忽而陰涼的，步行速度因腳傷而變慢。也失去了胃口，十點多在北埔客運站喝了兩碗綠豆湯後，一直到下午二時再出發時都未再進食。中午在北埔紫天宮的藤椅、長板凳、臺階上打了好幾個盹，怎麼樣都無法熟睡，山區的蚊子令我開始煩躁。

下午一拐一拐地沿著峨嵋湖畔左彎右彎，上上下下，看上這整片湖，卻找不到合適的露營區。在富興買了一捲彈性繃帶，該保養受傷的腿了。才走了九十五公里，未到四分之一的路程。

離開臺三線公路，往獅頭山方向前行五百公尺才找到一塊露營區，湖邊垂釣的青年男女送我一袋他們摘的蓮霧，但，他們不敢相信我一個人從臺北走來，也不敢相信我敢一個人睡在這較少人煙的湖邊。

晚上，包紮右大腿。這一趟步行，只想到要「走」，卻沒預估會出現何種狀況，沒想到身心的狀況反變成最大的考驗。

原定明天要休息一天，且依現在身體的狀況，心裡也想休息！但固執、矛盾的另一個「我」卻不想停下來……留待明天起床的剎那決定吧！

七月四日。週四。

每天的晨曦有一樣的彩色，卻有變換萬千的雲朵。昨天像鳳凰擺尾，今天卻是層層條狀。湖邊的鳥特別多樣，配上蛙鳴，足夠奏起一首自然交響曲。

公路編號圖已翻過第一折，每通過一面，代表四分之一的路程，今天第四天已完成一百二十公里。

躺在獅潭的小旅社裡，把兩腿高跨在墊高的棉被上，望著對面山頭的夕陽，蟬聲不斷。從中午開始，心裡的「我」與身體的「我」就開始打仗，「身體」要找個舒服的地方好好療傷，「心裡」卻說那有違約定——不進房子睡覺……

上午在三灣把水泡刺破，買了撒隆巴斯貼在水泡處，不讓它再繼續摩擦，右腳小指竟然也起了水泡……現在兩腳都傷了，右大腿的彈性繃帶吸引了不少人注目。

上午只走了十五公里，就在一橋下泡涼涼的溪水，吃簡單的午餐——饅頭、麵包、蘋果及用溪水配的檸檬汁。肚子開始有異樣，身體也微微發燒。頂著日正當中的火球繼續前行，地面散出陣陣火氣，風也是狂「熱」的，走不到五百公尺就躲入候車亭，坐也不是，躺也不是，整個亭子也是悶熱的，看著整片竹林像火在燒一樣，而那柏油路卻像地獄的火坑在向我招手……我不會在此倒地不起吧……好想躺下……好想泡泡舒服的熱水，好想讓兩腿墊高休息……

在候車亭後面清除了一大堆糞便，再用葉子擦屁股……不知下午幾點，當樹影已遮住四分之一的路面時，我繼續前進，腳跟不敢先著地；只是我卻連停下來喝口水都不願意，只想趕快到新店——獅潭，聽說那是大站，應該有旅社；但我心裡卻懷疑如此人跡甚少的山區怎可能有旅社，也期望著不要有旅社——期望、矛盾、奮力、懷疑、疲憊；永興的孩子一路與我聊天，陪我走上長約三百公尺的陡上坡，百壽的店老闆娘不敢相信我要走到屏東，連永興的居民也不敢確定新店那兒有無旅社……當「新店」的綠底白字名稱出現時，我已完全鬆懈地跌坐在路旁，把剩餘的檸檬水喝個精光……幾個小孩子好奇地看著我，此時身體已打敗了心靈，確定那兒有旅社後，拖著一身的痛、累與期待……我走進新店——這一點都不大的山上小村鎮竟然會有的旅社。

窗外的夕陽一直紅紅的，我的身體在發熱中，不像是晒太陽的燒灼感，好像真的發燒了……頭也開始痛了……

七月十七日。週三。

昨晚上臺北購買高度計及睡袋，填補四橫與高山之旅的裝備。

從一日至十四日步行臺北到屏東，十五日清晨五點就搭乘國光號夜車回到了臺北。不到五個鐘頭的車程與十四天的步程，那是一與一百的比例；在這追求快速，追求縮短兩地來往時間的時代下，我用了最原始的遷移方法——步行。在回程的夜車上，身體雖疲憊，心裡卻興奮著；尤其最後一天走了六十多公里，並沒讓我累得一下就睡著，總是半睡半醒，兩眼睜大大地望著窗外的夜景，而黑暗中總有不滅的燈及偶爾駛過的車燈，照著需要光的人；不必去想為何那麼多人晚上不睡覺、不休息，其實，整個步行在臺三線的旅程就如走在身體的大動脈一樣，即使在深夜睡眠時，動脈裡的血球仍照樣在輸送著氧分及廢料。

在夜色中急駛，把十四天的里程濃縮在五個小時不到的時間裡，猶如在內心擠壓一股難以宣洩的情感，承受著旅程裡所接觸、感觸的一切，像夜裡屏東、高雄一帶的持續閃電，卻無法下一陣雨下來。

六位好心的騎士要載我一程，一位警察、一位青少年指引我較好的露營處，免費送我水果吃的兩位婦人，許多廟裡老人的關懷，東勢小朋友輪流到我的蒙古包裡窩一下。還有沿路的車聲、廢氣、上下坡、日出日落、山路與平路，城市與鄉村，綠色隧道，沿路的水果；路上的動物屍體，林間的獼猴、烏鴉、不知名的鳥聲，以及那涼快卻又討厭的午後雷陣雨，突然衝出來會叫不咬人的許多隻狗、有一隻不叫卻咬了我一口……跑進鞋子裡的砂粒讓我脫脫穿穿好幾十回，腳底的水泡、大腿的疼痛也讓我每一次再起步時總是很痛苦。

沖屁股的水壺，還有陪伴我十四天的背包、草帽、蒙古包、毛巾、衣褲、念珠……重複不斷的呼吸次數——一、二、三、四，一、二、三、四、五、六……期待的一百公里、兩百公里、三百公里、四百公里……

表：臺北⇨屏東步行紀錄

日期	到達地點	步行公里數	累計公里數	午休處	夜宿處	備註	費用
7/1	大埔（臺北三峽）	38.5K	25.5K	大公墓（土城）	河床		201元
7/2	關西（新竹）	38.5K	64.0K	某湖中廟（龍潭）	河床	兩腳跟漸起水泡	223元
7/3	富興（苗栗）	31K	95.0K	紫天宮（北埔）	峨嵋湖畔	右腿肌痛嚴重包彈性繃帶	205元
7/4	獅潭（苗栗）	25K	120.0K	候車亭	旅社	刺破水泡、中暑	470元
7/5	汶水（苗栗）	14K	134.0K		河床	拉肚子七次、上午休息	100元
7/6	東勢（臺中）	34K	168.0K	峨崙廟（卓蘭）	中山國小升旗臺	又拉肚子兩次、肛門外痔	244元
7/7	臺中	22K	191.0K	得天宮（臺中）	三哥家	肛門外痔、下午只走約兩公里	145元
7/8	南投	33K	224.0K	萬善堂（臺中）	加和國小操場	走錯六公里路、不再包彈性繃帶	298元
7/9	石榴（雲林）	33K	256.0K	（竹山）	石榴國小走廊	第一回合的午後陣雨，淋溼	170 元
7/10	竹崎（嘉義）	33K	288.0K	玉虛宮（梅山）	竹崎國中禮堂前	第二回陣雨仍沒躲過	228 元
7/11	永興（嘉義）	35K	323.0K	沒午休	永興國小走廊	遇兩位單車騎士下山、臺三線最高點	220 元
7/12	大埔（嘉義）	22K	345.0K	曾文集水區旁涼亭	大埔國小走廊	下午休息躲過陣雨	145 元
7/13	玉井（臺南）	38.5K	383.5K	鹿陶廟（玉井）	玉井國小球場	躲過三回陣雨、遇野生獼猴	230 元
7/14	屏東	60K	443.5K	沒午休	夜車回家	步行至晚上九時半	222 元

※平均一日步行32公里、一日花費平均約222元、一公里約7元。

山林筆記

八十年八月一日，週四。

在雪山東峰頂——三二九九公尺。方才一陣寒暄熱絡，上雪山後要下到七卡山莊的四名登山朋友在此拍照，談三六九山莊的日出及白木林，而我的心早已在期待明早的到來。

今早六點多，見天氣很好，決定上山。背著睡袋及一天半口糧，心裡打定主意，若山上有人就住三六九山莊，明天上雪山；若山上沒人，就上到雪山東峰即下山。去年曾經一人住七卡山莊，又上到三六九山莊，在風雨雷電中，那種孤寂的畏懼至今仍然未除。一路盼呀盼的，終於在距東峰前卅分鐘路程的杉林裡，遇見兩位植物採集者，總算放心，因為今晚確定有伴，而明天真的可以上雪山了。

此時，我在東峰頂孤零零一個人已三個鐘頭了。四周的山頭已被雲霧遮掩，遠處大霸尖山及南湖大山傳來雷聲，天空卻偶爾出現一大塊藍色；在茫茫的雲霧中突然看到藍天，在雲霧的溼冷中突然分享到陽光的溫暖，彷彿在絕望中尋得一絲希望，生命再度雀躍。

採集植物的夥伴在雲霧中上到東峰，他們邊走邊採集，大概只有他們才能真正看到山的全部，包括一草一木，我似乎必須調整上山的方式，除了在山頭坐三個鐘頭外，我也可以走走停停，看看、聽聽、摸摸這大地的一切。

續行在一稜上坐看枯木屹立於霧中，如果她們有思想，她們在想些什麼？十年、百年、千年孕育而成的樹木在「枯」前曾想過什麼？？

驚見酒紅朱雀「ㄐ一ㄐ一ㄐ一」的，知道我在看牠，就飛走了。山好靜，僅偶見幾隻小鳥飛躍而過，小雨滴在稿紙上。人也是自然孕育好幾百萬年才形成的，「他」應該為大地想些什麼？小鳥ㄐ一ㄐ一或ㄐ一ㄡ ㄐ一ㄡ，又一陣子只有風聲，或者感覺只有雲霧在動。螞蟻在岩石上忙碌著，我卻只能坐著看這大地的變與不變。

雲霧湧過山頭，又一山頭，偶爾所有的山都不見了，僅留一小小的山頭，偶爾連附近的樹林、枯木也不見蹤影，偶爾林木卻矇矇地又突然出現，枝椏曲折枯立，或糾結、或成群、或獨立，而我的一舉一動卻恍若是多餘的，在這神祕而又詭異的雲與山林的對話中。

晚上八點多。在三六九山莊內，他們整理標本。我卻不敢一人在外聆聽夜晚，外面不知是什麼樣的世界，夜行性生物應該開始活躍了，月亮、星星也該登場了，身為人類的我，竟然怯弱地不敢踏出門外看看牠們，或者是不願打擾牠們？

八月二日，週五。晨。

坐在黑森林裡吃兩根小黃瓜，那是登山客留在三六九山莊的，此時六點四十五分。整片黑森林微透著陽光，朝陽在每棵林木上灑下一塊塊的亮片，她們靜靜地矗立在高山此地——三千兩百五十公尺處，彷彿訴說著千古不變的生命故事。她們已在此聳立百年之久。

進入黑森林前是一整片白木林，同樣的樹種，前者活生生的，後者僅以其白閃閃的木質本色告訴人們，她們雖死卻仍昂然。由三六九山莊望這一片白木林，在日出後逐漸由暗紅轉白，配上綠草坡、藍天，以及半個白色的月亮，枯木竟然美得讓整座山活了起來。

今早四點半就起來，蹲坐山莊前等著桃山方向的日出。由暗紅、桃紅、橙紅、橘黃到刺眼的白，溫度只有十度，心情卻是二十度。拍照時，一隻酒紅朱雀飛到我前方約一公尺半，在垃圾堆裡尋找食物——牠竟然在吃垃圾——人類留在山上的垃圾！而牠身上的朱紅卻是那樣高貴的紅。

在黑森林裡坐著，聽遠處的山水聲，聽清晨清脆的鳥聲，就只有我一人，而每一棵樹都像是百年的精靈，也在看著我。

突然，覺得要好好謝謝踏過的樹根，跨過的樹幹，以及讓我攀附的樹枝。

八月二日，週五。雪山。

上午八點四十分經過雪山圈谷的碎石坡，由海拔三千五百公尺開始，每一步都變得很沉重，要用力吸氣、用力吐氣，只聽到急促的心跳、呼吸聲與要步步踏穩的步伐聲。

不時回頭看看在圈谷下方的整片黑森林，及愈來愈細小的登山步道，想像我在時空中多渺小地游移著。

三度來雪山，今日終於上到山頂，一個人坐在山頭，卻沒有征服或登頂的興奮與成就感。除了風聲及無所不在的蒼蠅聲，除了綠色的山、藍色的天、白白的雲，僅有遠處稀疏的部落，那是梨山吧！突然覺得，文明竟然有點多餘而幼稚，人也是大地孕育出來的，如今卻要攜帶這麼多登山裝備，才能重返自然。

對著四高大山呼喊，讓她們知道我來了，同屬於整塊大地的子民，在嚮往多少時日之後，終於來看她們了。

對著武陵四秀與較遠的大霸尖山呼喊，對著南湖、中央尖與整座中央山脈呼喊，對著近處的大雪山草原、志陽山、白姑大山呼喊。對著遠遠的、遠遠的、隱約可見的玉山山頭呼喊……眼眶熱盈，無法再寫，只能靜靜地看著她們。

八月四日，週日。松雪樓。

在松雪樓，一位小男生說：「合歡山也沒什麼嘛！」我坐在廁所前纜繩下的長椅上，不斷向匆匆照相、來了又走的遊客介紹：那是奇萊山北峰與主峰，那是屏風山，遠處是中央尖；廁所後方是合歡東峰，可以上去走走，不用一個鐘頭，晚上還可以看牛郎、織女與銀河。我那頂藍色蒙古包在廁所下方斜坡上，單車倚在旁，此景讓遊客羨慕……可是大多數遊客開車來此只為上個廁所，在「松雪樓」前拍個照，或者再加上吃個飯、麵就又驅車離去了。小男生說那句話，我聽得很難過，是誰讓他有那種想法、感覺？

五位外國朋友一大早就在空地上做熱身操，然後往奇萊山區走去，什麼也沒帶。傍晚時分，他們一個個滿身是汗，卻仍步履穩健，面容喜悅的走回來，第二天，他們再入山出山，四名臺灣的高中生背著背包在黎明時出發，一副要去征服奇萊山的雄姿，他們說，大概下午五、六點就「可以」回到此地……

一隻長尾巴的鳥沿著斜斜的纜繩往上「走」著，偶爾重心不穩的晃動，修正一下身體……像一個在表演的小丑，也像只是在給自己一點娛樂罷了。

雲就是擠在奇萊山區，怎麼也翻越不到大禹嶺、屏風山這邊。

幾名度假的高中生之一問我，除了草原，這裡還有什麼好看的，我說：「那要看你想看什麼？看不一樣的山頭，看雲的變化，晚上的星星，或者像我只是靜靜的坐看奇萊大半天。」他似懂非懂的進松雪樓與他的夥伴繼續打撲克牌。

偶然的讀到報紙一角正評論中國人沒有旅遊學問，大部分的旅遊是在旅館中看電視、吃、買土產，以及無聊中度過。

八月六日，週二。青青草原。

久聞清境農場的青青草原，今日總算親自目睹，覺得畜牧區的生物——牛、羊竟比草原區的人還可愛。

牛、羊有一定的步徑，吃草後就由「頭頭」帶回房內休息，牠們也會爭吵，「ㄇㄟㄇㄟ」的叫聲，好像說：「我還要喝水」、「我還要吃草」、「進去休息」……大部分的羊都進房子裡了。牛則從喝水區井然有序地走同一條路到食草區吃草。除了大小便，牠們什麼也沒留給大地，而踏出的路也頂多一、兩條而已。

反觀人，遊覽車載著一隊隊遊客，各自踏上自己想走的路，吃完的丟、坐好了，一起身把紙墊也留給草原；路愈來愈多條，垃圾也愈來愈多。遊客提著大小袋子裝高麗菜、菜脯、蜂蜜上車了，總共連上廁所、照相、購物，繞一下草原不超過三十分鐘。他們帶走了此地大自然的產品，也留下了一些東西給草原，只是這種交換並不平等，帶走的可以吃，留下的卻無法分解。

車上物品增加了，耗油量必增加，廢氣自然也多了。

老遠買回去的，真的便宜又好吃嗎？

十分鐘前，草原上，攤販區盡是人潮，現在只有十人不到……

我坐在草原上一棵樹下的石頭上，靜靜地看著草原上這一幕幕由人演出的「接近」自然的戲；二十分鐘後也許又會重複一次。對面廬山的山谷在霧消散時漸漸露出。一位伯伯正在清理垃圾，並將垃圾集中後燒掉；白煙從草原的不同角落升起，我不禁懷疑，大概走錯地方了？真正的青青草原可能還在更遠、更深的山谷裡……

八月十日，週六，東埔。

晚上七點半，東埔的大小巷道裡已塞滿了汽車，人群在採購土產，或唱卡拉OK、洗溫泉。東埔國小的操場也塞進了五、六輛車子與十數頂帳蓬，甚至有小貨車型的——電視伴唱機、瓦斯桶全上陣了。天上的星星這時全亮了，水流潺潺，蟲也開始鳴叫了……我想人們不是來享受這種大自然的，他們是來看彩虹瀑布、走父子斷崖，在八通關古道上吃道地土產的愛玉冰，或者勇敢的人會走到稍遠的雲龍瀑布，然後泡個溫泉，再滿心歡喜地開車離去。

操場的露營區響起電視卡拉OK聲，他們一家人輪番上陣地唱著五音不全、喇叭聲未調好的「歌」聲，旁邊另一家人雖是圍坐著愉快聊天，卻不時眼角斜向這一有各種野營「附加設備」的家庭，眼睛是羨慕的，巴不得……。他們無視自然的存在！強迫「自然」、也強迫其他人「聽」……

我終於忍不住，停下筆，走向他們。「請問，你們準備唱到什麼時候？」

「不知道吔！」

「那麼，能不能麻煩你們關小聲點。」他們關小聲了，我很想講的一句話卻說不上口：「你們吵到大自然了。」

一隻公雞站在遊客的汽車上，昂首挺胸，接著換到另一輛車頂，然後，到此地最大的一條馬路上踱步，那種氣勢，人、車都主動讓牠七分。最後，牠回到那低矮、有不鮮明顏色衣褲的平房旁。

原住民偶爾從門內走出，卻不久留又回到門內。後面那高聳的現代化旅館在夜色中更顯金碧輝煌……像巨人般吞噬了這裡的一切。

八月十五日，週四。

清晨五點半，從東埔山莊出發，經塔塔加鞍部去拜訪玉山群峰。天微亮，將單車放在山莊後面，暫時分別兩、三日。

獨行清晨的步道上，把腳步放得很慢，不時停下來看看四周的山野，由灰藍色、不清楚的美，慢慢轉變成明朗的山色，遠處低吟的水聲轟轟作響……

連續迂迴上升通過第一個危崖，從鞍部上來約四十分鐘後就到了前山登山口。

我將背包放在路邊大石塊上，因為往前峰只有八百公尺，所以我就只帶了水壺、乾糧一包及筆、稿紙。心裡閃過一陣擔心，方才二點五公里處驚見的兩隻獼猴會不會來搜我的背包找食物？若是，就認命吧！畢竟這山野是牠們的；如此一想，就放心上山了。

雖說只有八百公尺，卻是幾近直線上升，在矮箭竹中及亂石坡上鑽爬，竟也花了五十多分鐘。每一個小轉彎，都須很小心尋找登山步徑，在一個亂石坡上攀爬一陣子後，步徑卻穿過一小段矮竹去攀另一石坡……對這樣一座不熟悉且稍陡的山，我加倍小心。有的巨木橫倒在石坡上，有的卻筆直將石坡分成兩邊，陽光還未灑入這片原始林木間，稍暗且有點陰涼的氣氛，讓我對整個拜訪玉山之行開始產生謹慎與嚴肅之情。畢竟，即使我身體力行愛護自然，自然卻不必回報我什麼，在不熟悉的山林中，在我不甚了解的自然裡，什麼事都可能發生……

八點十分，我順利來到前峰山頂，從此往西可看到東埔的父子斷崖，及部分新中橫路段一直延伸到阿里山。往東可見玉山北峰，北北峰的雙峰造型，及在西峰後僅露出山頭的玉山主峰，隱約可見山頭的銅像；愈來愈接近，反而對她產生一種莊嚴的情緒，像是朝聖般的心情。謹慎下到登山口，背包上有一口香糖壓著字條，短短兩個字「加油」，雖不見人卻已感受到人性互相鼓舞的溫馨……

續行，一路緩坡多棧道，約四點五公里處又見一群獼猴，這回我打定好好看牠們。至少有六隻，臉紅紅的一直朝我這邊看，並不時發出不是我們平常兒歌所唱的「吱吱叫」的叫聲，有一隻還爬到較高的樹梢搖晃，好像是在抗議我侵犯了牠們的領域，不像剛剛二點五公里處所見那兩隻，一見到人就一溜煙不見了，這六隻反而一直叫，並注意著我……令我很過意不去，還是識相點，向牠們揮揮手，還牠們這片林子。

從九點下前峰到排雲山莊已十二點，等於在漫步，途中還與下山的朋友坐在步道上聊了一陣子。見到排雲是一種欣喜，鮮紅的屋頂在綠色山林中顯得非常特別而有溫暖的感覺，我站在轉彎處的棧道上，望著她……而玉山主峰就在她背後高高聳立，我在心裡唸著：「排雲我來了，玉山，我就要去拜訪妳了。」

山莊的「小花」汪汪地跑出來「迎接」我，接著管理員探頭出來，他也剛到（路上曾遇見交班下山的另一名管理員），打個招呼，告知我要待個兩、三天後就各自忙各自的──他清掃山莊裡裡外外、點香，我煮午餐。

感覺山上好舒服、好安靜。就這樣兩個人，一隻狗與整個山林……

午餐後本想去西峰，但剎那間雨霧湧上，幾個山頭全被籠罩著，陽光偶爾才露出一點。這種迅速突然的變化，讓人心中起了寒意，登山界所言過午不登頂，甚是！打消上山念頭，我索性將登山裝換下，把衣、褲、鞋、襪通通放在屋前晒晒。我躲到被窩裡睡了個舒服的午覺。

三點多，我坐到山莊前一排木板上，享受高山上的一個下午。

烏鴉永遠慣有的「啊！啊！」不需看到牠們也可確定。山鳥比平地鳥較能與人接近。繼雪山、合歡山的酒紅朱雀後，在玉山山群裡看到更多。很意外能在如此高的山上看到松鼠，牠們「吱吱」的叫聲，我原本一直以為是什麼鳥的……等到牠們約五隻分別出現在不同樹幹時，我才訝異地呼叫山友們出來看，牠們沿著樹幹覓食。在五點多天色漸暗時，各種生物出現的時間似乎已排定了；當烏鴉休息了，松鼠短暫出現後，山莊前只剩少數幾隻山鳥在地上覓食，牠們不理會人在門前進進出出，人似乎是多餘的。

所有在眼前的生物與自然景觀，絕大多數不是我所能叫出名字及說出所以然的。在雪山遇見的植物系夥伴曾說：「每一種植物都有她獨特生命的故事，同樣的杜鵑家族到高山後，為了減少水分散失，增加傳粉機會，葉子就會變迷你而花變大；而同樣的，圓柏若在背風面如翠池就可長得高大直立，在雪山受風面就會長成矮盤狀……」

玉山的午後與雪山、合歡山似乎一樣，在這樣好的天氣裡，上午晴朗，中午開始起霧，五、六點後或許會逐漸安定下來，到晚上可能成為雲海，或煙消雲散，星空則是星星滿天閃耀……登山客似乎也是一樣的，下午三、四點後，陸續到達山莊，次日黎明前上山頂看日出，然後回山莊，或越過山頂到另一據點；中午前後，陸續下山；人如此地來往於山間，也快變成是自然的一部分了。其實，這不就是動物遷移的習性嗎？動物遷移是為了氣候與食物，而人來往於都市與自然間不也就是為了偶爾「回歸自然」的目的而遷移嗎？

八月十六日，週五。

六點卅分，我在玉山主峰上。

竟然無法描述此時的感覺。我就站在臺灣最高處，所有知名的高山如秀姑巒、馬博拉斯、關山、北大武山，一直到北方隱約可見的雪山山脈都在眼前，連大叫一聲都覺得會破壞整個山的清晨的寧靜。整個臺灣竟然就在腳下，從北到南，是感動

拜訪玉山，捨不得下山。沈振中攝影。

於綿延的山容？還是被那壯碩卻又寧靜得不得了的氣氛所震懾住了？我無法形容這到底是什麼感覺，想書寫出那份感動，在此時卻變得有點多餘。

雲霧靜靜地、淡藍色地瀰漫在整個中央山脈的沿稜上，層次明顯地一直延伸到雪山山脈。南方稍遠的山群中隱約可見南部橫貫公路橫過山腰。

在于右任銅像邊繞著圈子，往南、往東、往西，不停地看著山，看著山容與山色，聽那除了風聲之外的寂靜之聲。

此時，我是什麼？孑然一身在山頭，彷彿在山的寂靜之中也成了一座銅像，或者該說只是成了一粒石子而已？

九點，在玉山北峰及北北峰看主峰。她真是美，美得無法形容她。十一點半爬上落差兩百公尺的碎石坡，藉著鐵鏈之助，我再度上到主峰，一直待到十三點十分……

西邊的雲霧已掩去所有的山頭，即使是三千九百餘公尺的北峰也被午後的霧籠罩了，東面八通關古道的雲漸漸擠上玉山東峰，中央山脈的各個山頭也逐漸消失在霧中……捨不得下山，雖然在一日之間已看她兩回，卻仍覺不夠，恨不得在山頂過一夜，恨不得在此度過好幾個星夜、好幾個日出與豔陽天……可是，當雲霧漸漸取代陽光，當四處茫茫時，人好像失去了可以依靠的，也失去了溫暖，寂寞反而湧上心頭，冷意也由心頭湧出……捨不得，卻不得不下山，不得不離開妳；我一路下山，一路回顧——在白茫茫的霧中的妳……

八月十六日，週五。下午。排雲山莊。

上午去拜訪了玉山，何時再去看她？再從北峰看她？或者有一天可以由東峰看她，由南峰看她。

下山了，人卻仍在玉山山塊裡。在排雲山莊前，樹木、溪水聲、烏鴉叫、霧漸形成……一切如昨日。問自己，帶了什麼下山？

在排雲依舊的情境裡，我沉靜了許多，沒有昨日初到時那股興奮感，玉山與四周的山脈似乎在我心底孕育了什麼，好似一股奇妙的力量與冥思。

登山客愈來愈多，他們在山莊內談論著「登」山經驗，從食物到炊具，一直談到從塔塔加鞍部到排雲最快與最慢的速度，談到何時完成第一座百岳……

我在山莊「外」仍獨自享受大自然，雨霧的變化、水聲、比昨日此時較少的鳥聲及松鼠的蹤影（人多了，鳥兒較少停留在廣場上覓食），晒著偶爾才露頭的陽光。屋內炊具煮飯聲與談話聲幾乎掩蓋住所有大自然的聲、影，山莊管理員一如往常上香，放南無觀世音的佛音……

山莊內掛滿登山客留下的「登頂」紀念旗，其中有一面旗子「登玉山一百次」；據一位嚮導說前陣子有一位登山怪傑，一日之內重裝來回玉山與鞍部三次（一次來回約廿公里），若不是天雨路滑，大概可以再走一、二回。他從凌晨一點起步，至下午兩點完成三趟。

昨日活躍的松鼠、酒紅朱雀，今日為何不見蹤影了？

單車訪山——中橫宜蘭支線的南山。沈振中攝影。

八月十七日，週六。塔塔加停車場。

上午五點半從排雲下山。八點十分，身邊放著登山背包，前面是分別兩日的愛騎。身穿登山裝，在還沒恢復成單車裝前，趕緊坐下來寫……

整夜沒入眠，原想今早去訪玉山南峰，從那兒看主峰，可是想到今天是週六，有更多上人山，我懷疑山上這兩天會有多少清淨的時刻，於是一個決定在腦海中閃過——下山。

以後帶人去拜訪各山嶺時，要在山頂圍坐，談談對那座山的感覺、看法及從山腳到山頂的感覺，以及從山領悟到什麼？我們不能只是站在山頂，踏一下三角點，拍個照就表示「到」這個山峰了，三九九七加一個三公尺高的銅像並不能等於四千公尺，爬上銅像頂也不表示超越了四千公尺，與銅像合照不等於到玉山主峰。主峰要從南、北、東峰的方向看才能見其真面目。

從玉山看見新中橫破壞了山的容貌，不知該感激公路讓我們更「方便」親近山，還是要愧疚，為了人的自利與方便而破壞了整個自然。

遊覽車從阿里山方向上來，遊客高興地陸續下車，往大鐵杉方向的觀賞步道走去，車上的擴音設備廣播說：「這一站『休息』一個半鐘頭。」休息？如果到一個遊覽據點停留是為了上廁所、舒筋骨、休息！那麼，真正的「旅遊」是發生在何時何刻呢？誰？是什麼決定，影響了我們的旅遊型態？

我的登山裝轉換成單車裝吸引了部分遊客，除了羨慕、讚嘆外，有位家長也因此鼓舞尚幼小的男生：「長大以後要不要也這樣？」

好希望，好希望在我們所有的國家公園內只看到步行者、單車與公園解說型遊園車……讓私人的汽機車停在園區外，多付出一點體力、時間，少給自然留下噪音與廢氣，我們才能真正接近自然。

九月四日，週三。

與一群愛孩子的朋友在德育海遇見一隻獼猴。

牠輪著爬上每個人身上，取帽子、抓眼鏡、搶鞋襪，撥弄頭髮找什麼的；牠不讓人抱，因為牠要主動抱人。沒有鏈子牽著牠，牠可以下海去游一下，主人也自個兒玩自己的，不擔心什麼；看著牠那樣甚至比人還自由地玩耍，不禁讓我想起暑假在曾文、玉山及花蓮，分別遇見的五群野生猴群，牠們都保持著警戒，不斷對我叫喊，似乎想要把我趕走……那時候我只能在心裡暗暗期望，有一天我們人類能不讓牠們那麼懼怕。

想著，看著前面這隻活潑的猴子，「與動物重逢」之情油然而生，如果我們可以不在動物園的籠子裡認識動物，如果我們能在大地的任何一處與動物重逢，並且互相迎接，甚至互相擁抱……

日期	到達地點	單車里程	累計里程	訪山名稱	山岳高度	夜宿處	費用	備註
8/10	東埔（南投）	36K	387K	○	○	東埔國小操場	490元	添購底片 開始新中橫旅程
8/11	東埔（南投）	○	387K	八通關古道	2955M	東埔國小操場	110元	步行約34公里
8/12	基隆	○	387K	○	○	家	1461元	新生註冊準備。 沖相片。 補充瓦斯罐
8/13	東埔（南投）	○	387K	○	○	東埔國小	538元	補充食糧
8/14	塔塔加	53K	440K	○	○	上東埔山莊	340元	連續上坡45公里 至2610公尺高
8/15	排雲山莊	○	440K	玉山前峰	3236M	排雲山莊	120元	自炊。遇兩群獼猴
8/16	排雲山莊	○	440K	玉山主峰 玉山北峰	3950M 3920M	排雲山莊	120元	自炊。遇一群獼猴
8/17	民雄（嘉義）	102K	542K	○	○	民雄國小	276元	有颱風，故提早下山 （原欲訪南峰）
8/18	烏日（臺中）	70K	612K	○	○	僑仁國小	240 元	在路邊土地廟睡午覺
8/19	德基（臺中）	96K	708K	○	○	休息站旁樹林	252 元	本想騎回基隆， 後仍決定騎完中橫
8/20	天祥（花蓮）	111K	819K	○	○	天祥露營區	118 元	有兩家人請吃晚飯
8/21	鹽寮（花蓮）	56K	875K	○	○	靈修淨土	105 元	下午與同修走溪谷。 遇一群獼猴
8/22	蘇澳	121K	996K	○	○	蘇澳國中	293 元	夜裡與另一單車夥伴 聊天。
8/23	基隆	102K	1098K	○	○	家	291 元	有伴同行。 邀看放水燈遊行

※平均一日騎行39公里、一日花費284元、一公里平均7元。

表：單車、訪山記錄

日期	到達地點	單車里程	累計里程	訪山名稱	山岳高度	夜宿處	費用	備註
7/27	復興（桃園）	73K	73K	○	○	角板公園	288元	北橫
7/28	巴陵（桃園）	26K	99K	○	○	河床	255元	北橫
7/29	南山（宜蘭）	66K	165K	○	○	南山國小	254元	中橫宜蘭支線。在百韜橋候車亭午餐、午休
7/30	武陵廣場	22K	187K	○	○	470元	189元	過思源啞口
7/31	○	○	187K	池有山	3301M	武陵露營區	134元	霧濛濛、全身溼透了
8/01	○	○	187K	雪山東峰	3199M	武陵露營區	83元	山上有登山夥伴。第二度訪東峰
8/02	○	○	187K	雪山主峰	3844M	三六九山莊	82元	在三六九山莊觀日出及白木材
8/03	合歡小風口（花蓮）	29K	246K	○	○	武陵露營區	317元	由大禹嶺推車5公里至小風口。中橫霧社支線
8/04	松雪樓（南投）	4K	250K	合歡北峰石門山	3422M	小風口停車場	0 元	自炊。推車四公里砂石路上坡。有人請吃麵
8/05	清境農場（南投）	23K	273K	合歡東峰	3236M	松雪樓草地	170 元	牽車走砂石坡13公里，越武嶺最高3275公尺
8/06	清境農場（南投）	○	273K	○	3416M	露營區	183 元	閒逛農場
8/07	埔里（南投）	60K	333K	○	○	露營區（思源地）	365 元	上廬山部落洗溫泉經地理中心。一路下坡。
8/08	日月潭（南投）	14K	347K	○	○	露營區（思源地）	272 元	參觀牛耳石雕公園半日
8/09	水里（南投）	14K	351K	○	○	大成國小操場	303 元	坐集集火車來回二水、水里。蒙古包淹水了

步行雜記

一、動物專用道

柏油路上、路肩排水溝內的死狗，壓扁的乾死的蛇、乾蚯蚓、死老鼠、蛾、蟲……仍歷歷在目。

從龍潭翻過關西，就數到三隻死狗，一隻在路上被撞得開腸破肚，另兩隻分別在排水溝及溪流裡爛死、漲死。

在苗栗山區裡，一天就看到六、七條壓扁的蛇及五、六隻晒乾的蚯蚓，在曾文水庫山路上，看到不少死老鼠及蛾、蟲的屍體。這一條穿越山區的臺三線公路上原本就屬於野生生物活動的區域，鋪了柏油路之後，牠們仍照樣活動。穿越馬路時，車子是不會讓牠們這些「行人」優先通行的；這讓我不禁想起外國有人在高速公路底下開闢蟾蜍專用道，只因牠們要定期到另一邊交配、產卵……

二、腳

一有沙石跑進鞋裡，我就得脫鞋、清鞋、再穿鞋。一到中午，我就要把鞋子、襪子脫掉、把「她」放在較高的背包上，讓她休息。傍晚時分，再把她放到拖鞋裡體驗不同「房間」的感覺……

她一共起了六個水泡向我抗議，我還是沒有照顧好她。

三、裝備

頭戴大草帽，帽緣掛著洗好的襪子、

脖子上披著毛巾，背包外掛著換洗的衣服、

背包裡有蒙古包、被單、肥皂、小牙刷、小牙膏、

再生稿紙、備用衣褲、湯匙、便當、省公路編號圖、

鋼筆水、泳褲（洗澡時用）各一份及幾個塑膠袋。

腰包裡放鋼筆、提款卡、身分證、錢、小把小刀。

我沒有帶錶、手電筒、蠟燭、相機、刮鬍刀，衛生紙也省了。

四、活生生的動物

1、蜥蜴

蜥蜴搖晃著尾巴從公路這頭跑到另一頭，
調皮地，在那兒望著我；
我擔心牠會被車子輾了，
可是，牠卻很有自信地挺胸，
與我相望。

2、烏鴉

曾文集水區的路上有兩隻烏鴉正在吃一隻死老鼠
二十公尺外的我直直地看著這兩隻烏鴉，不敢動。
用腳壓住鼠，用嘴撕著肉，
氣氛有點異常，一隻烏鴉發覺我的存在

一飛而上樹梢
另一隻卻邊轉頭看我，邊吃鼠肉
牠大概發現我是「大型」動物，也飛上樹梢了。
走過二十公尺後，再回頭看烏鴉
後走的那隻已迫不及待地想飛下來
牠飛到一棵較接近鼠肉的樹梢
再縱跳下較低的樹枝
「ㄆㄧㄚ」一聲，樹枝斷了
牠嚇得飛到更遠、更高的樹上。

3、鳥

曾文集水區的山路上，
路兩旁的鳥在對唱著。
唱山歌，像室內樂的
二重奏

4、蟬

離不到十公尺處，
牠們就消音了；
走過十公尺遠，
牠們又逐漸鳴叫；
牠們大概含蓄吧，
不喜在人前彈奏愛情的曲調。

5、野生獼猴

曾文集山區的路旁樹林裡有一隻獼猴，
牠背對我，而我足足看了牠三十秒之久。
牠在找食物吃，
突然，牠警覺到有「人」在看牠，
一個「故意」的墜落，

墜到底下樹叢中，再一個縱身而上，
上到較遠的大樹幹上，
慢慢地把臉轉過來，
把紅紅的臉轉過來，
紅紅的　看著我。

6、公雞

有一隻非把太陽叫起來的公雞，
凌晨三點就叫太陽起床了。
太陽當然不起床，
於是公雞休息一下；
咕咕——咕，四點再叫，
咕——咕咕，五點再叫，
太陽是被吵起來的。
公雞昂首散步，

好像打了一場勝仗的老將軍宣布說：
「你看，最後還是我贏的。」

7、小狗

從我走出大埔國小的校門牠就一直跟著我，
起初以為牠要跟我走，一副可憐兮兮的樣子，
牠跟我走過一群野狗，牠躲在我腳跟後面，野狗一直對牠叫
牠跟我走過一群大狗，牠仍躲在我身後，低聲下氣的
快到大埔街道時，牠卻快樂地又叫又跳直往前跑去
並回頭三次對我叫汪汪……好像是說——謝謝！謝謝！
喔！牠回到家了
喔！原來我被牠利用了

新生態札記

滌塵居二十四小時開放，歡迎你隨時來做自己的主人，不需事先聯絡。

入室須知：

一、每月最後一週斷水斷電，只有少量的水及蠟燭可用。

二、新鮮果菜在社區內即可買到，不需老遠帶著。

三、其他請看「簡單生活」內容。

四、大樓鐵門鑰匙掛在信箱內側，用手探索一下即可找到，用後請掛回去。

滌塵居的石、木歡迎「隨心隨喜，隨意取」。臧保琦攝影。

*

出門夜眠不閉戶已一年多了，這期間門一直開著。

開始這樣做時總是擔心著什麼，擔心有人私自打長途電話，擔心有人翻箱倒櫃（內有存摺），擔心半夜有人進來對我做什麼的……到頭來什麼也沒發生，只不過曾有人進來留了兩個飲料罐——大概沒看到我門上寫的，有些東西是不希望被帶進來的。

剛開始時，我睡在客廳，以為若有人進來，我較易察覺，後來發現，那樣反而睡不好，也曾擔心錢、提款卡，總把它們放在枕頭下一起睡。

現在，不需要擔心什麼了，出門不

曾想過家裡會如何，睡覺也可無所掛心，提款卡就隨手塞在衣服口袋裡……。

來此過夜的朋友、學生也能安然地開著房門睡覺……。

不需把「房子」、「財物」放在「心」裡，多輕鬆。

試著引導朋友、同事、學生以「乾淨、安靜、尊敬大地」的態度來接近大自然，認識大自然。在實際了解自然因人而逐漸殘缺之後，或許才能真正決定要為自然做些什麼。第三年的簡單生活將走出滌塵居，影響更多人來欣賞、尊敬大自然。

*

在各方推行誠實教育方案時，我只要求自己誠實於「看到垃圾會不舒服，那就隨手把它撿起來吧！」從校園及社區的後山開始做起，誠實是從小地方開始的。誠實是從自己的生活開始的，誠實是忠於自己的感覺。

前幾天在進門處貼了張告示：「自己做主人，一切請自助，惜福與環保，心中有自然。」客廳內貼上簡單生活的內容及附近可拜訪的自然路徑圖，試著讓這滌塵居僅是一個像自然的環境，任何人都可以自行來此當自己的主人，自己來摸索、發現、體驗……把「我」抽離。

今年的冬天，穿不到五次的長袖衣服。當大多數人長袖加外套時，我仍是一件短袖襯衫。其實這兩年的冬天是溫暖、乾燥得不像冬天，人卻依然「習慣」在「冬天」穿外套。

月圓前後幾天，情緒極度不穩定。

（我正對自然更敏感？還是漸成自然的一部分？）

＊

有好幾回，朋友說我生吃瓜果，農藥會洗不乾淨對身體不好。我不懂，明知農藥不好，為何還要用它來殺蟲，再用水把它沖入河流中，去毒死水中的生物？人自己造的孽，為何不是自己該受這個果呢？

我仍常生吃果菜，洗不淨農藥沒關係，那等於讓其他生命多活一些時日。這世界應該是公正、公平的，其他生物不須負擔人類自造的惡果。

總要在出門上班前的清晨解完大便，一來可確保在家裡可用水洗，不須用到衛生紙，二來當習慣養成後，可用來檢查生活步調是否穩定，若在外突有大便的需要，可能表示生活飲食不正常了。

其實，我們是可以對自己的內在器官做一些合理的訓練與管理的。

＊

那天黃昏與幾位朋友在海邊防波堤上聽濤聲，沒有風，浪很小。突覺一陣較大的浪聲，朋友驚呼：「聽，這浪聲特別大。」我說起風了，要變天了。風裡滴下一、兩滴小雨，朋友說氣象報告明天會變天。回程時，海港的霧氣被風吹入山區，社區與街道在一片濛濛之中，第二天凌晨三、四點開始下大雨。

三天後的一個上午，基隆傾盆大雨，接著大太陽，再下雨，中午放晴，下午再下……黃昏有夕陽，夜晚有星星，可是天空仍舊籠罩著隨時要下大雨的氣氛……我們能主宰大地嗎？

已好幾星期沒買報紙、沒看報紙。

更單純只面對自己生活、工作範圍內的社區、學校及附近的山與海，更單純地只要努力把這些區域內該做的做好即可。

不須讓社會反覆無常的新聞牽動太多的情緒，心情單純後，做事才能更專心、專一。

一位老朋友常說：「每個人只要做好分內的事，這社會就沒有紛爭。」做大事不需要全市或全國性的眾人皆知，身邊的事就是最大的事，最重要的事。

生態不只是指地球的環境管理而已。

我們自己的心靈、器官也是一個龐大的生態體系，有時自己都無法了解自己到底是怎麼決定、行動的；有時，我們也像在汙染地球一樣給自己的心靈、生理器官許多難以消化、承受的垃圾與負擔。

人與人之間也是一種生態關係。你消我長，有時暫時當個「巔峰群聚」，下回也許換別人獨領風騷。

所有文化、經濟、消費、生活型態都是生態現象的表現。當時間往前走，環境變遷導致個體與群體在「內容」、「方式」上不斷地「演變」。

自然曾主宰影響了人的演化，科技文明也讓人主宰影響了自然一段時日。現在人卻必須在「主宰」與「相容的和諧」中做一個選擇。

當太空軌道的人造衛星、太空飛行器愈來愈多時，我們也勢必將要學習另一種「宇宙倫理」——「太空」是屬於所有星球的，就如地球是屬於所有生物的一般。

「新生態」是指：在人與自己的心靈、器官之間，在人與人之間，在人與自然之間，甚而在地球與其他星球之間求得一個「和諧的關係」。

遺囑

我是沈水木與沈陳快的第五個兒子。雖然決定要活到八十歲，然「天有不測風雲，人有旦夕禍福」。為讓親友了解如何處理我的身體與遺物，也為了對自己的生命有個明確的最後交代，故預立遺囑如下：

如果我將長期處於無意識、無行為能力狀態，或有明顯證據顯示即使花費很多人力、金錢，仍無法救我一命時，請讓我安樂死。

請將我的器官依器官捐贈同意卡（N0.18803）所載，無條件捐贈給需要的人，不能捐贈之器官連同身體則請轉贈需要「人體解剖」的學術單位；若無人需要我的身體，請將我的身體赤裸裸回歸生命的搖藍——海洋。

我的遺物處理原則是：想留存者，請自行選取；能回收再用者請以「資源回收」方式處理；屬於自然的物品，請幫我回歸大地。

我的存款及其他因我而獲得之金錢，百分之五十捐給全球性環保團體，百分之五十捐給慈濟功德會；各項保險金則依契約所載之受益人處理。

對這個世界，我仍希望：世界無國界，所有生命皆尊貴且平等，宇宙各文明間和諧往來。

最後，請不要為我哭泣和傷悲，請不要為我舉行任何儀式，請讓我安靜、乾淨地離開，我已很肯定、努力無悔地完成這一生的責任與價值。

死亡，是進入另一個「國度」，我將在那兒繼續完成我的責任，請祝福我。

立囑人　沈振中　七十九年十一月一日　預立

八十年十一月一日　修訂完成

滌塵居生活札記

八十年三月十一日。

昨晚睡前，赫然發現客廳裡有一隻毛毛蟲在蠕動，緩緩地爬行著。我把牠「撥」到手掌中，牠馬上縮成一團；像是裝死，又像是在保護要害。我將牠放在陽臺的木板上。

今早在靜思房醒來，整理毛毯時，發現牠就窩在毛毯邊；牠大概陪我睡了一夜，我再度把牠放回陽臺上。

晚上放學後回到家，一腳踩進書房時，差一點……牠就在我的腳邊，怎麼這次又換地點了？真怕總有一次會踩死牠，索性把牠放在衣上，帶著牠下樓，把牠放到樹上，這裡該是牠的「家」……

晚上下大雨，擔心毛毛蟲會怎麼了……再想，這是庸人自擾，屬於自然的，自然會保護牠自己。

其實，人只要真有「仁民愛物」的心胸，寵物不需「買」，萬物生靈自然會趨近你。

四月五日。週五。

那半桶瓦斯終於用完了。

昨晚蒸饅頭時，發現火苗逐漸消失中，試抬了一下瓦斯桶，確定那半桶瓦斯終於用完了。放寒假時所剩的半桶瓦斯終於在三個月後用完了。不是慶祝把它用掉了，而是慶賀我可以如此珍惜地使用這麼久。

火苗不超過鍋底，不炒不炸，頂多燙一下青菜，偶爾煮一壺開水；一個禮拜蒸一次饅頭，如此可以吃一週；或燒半鍋熱水洗澡，不用熱水器……

其實，一個人簡單地過生活，水、電、瓦斯都可以很省的，省錢又可以替國家、地球節省能源，何樂而不為呢？

四月七日。週日。

再度走那條陰溼的山路。上回帶訪客走過時，曾看到一條青竹絲在一棵樹下蜷伏著，這次一個人走過，心裡總是擔心著。

山路就在社區後邊，要經過一道鐵絲網、高密的茅草及一片菜圃。從菜圃邊順著很不明顯的路徑，我一步步走入不見陽光的樹林裡，在春天下午的四點多。

昨天才下過雨，山路仍溼黏著，每一步都得小心。這條路似乎很少人走，可能太陡了，也可能是因為這一片山區裡，路實在太多了，且都鋪了水泥階梯，誰還會來走這陰溼又沒階梯的山路呢？我偶爾來走這條路，看看能遇見什麼樣的生物。

路不是挺好走的，雖不長，但有時仍得攀扶著樹枝、樹根；隱約可見的步徑落差不一，每一步的距離、高度及土感皆不同於那階梯的一個味。攀、爬、跨或喘一下聽聽四周的鳥叫蟲鳴，雖互不相識，但能偶爾相會也是滿愉悅的一件事。

落葉、姑婆芋及蝸牛殼是此山路的三大明顯特色，偶爾還可摘幾粒桑椹品嚐。山頂卻冒然出現一條柏油路，蜿蜒至另一山頭。記得第一次從學校爬上此山頭，看到這一條柏油路時，竟然愣住了，心中直喊：「怎麼會這樣子！」是暴力吧，早覺會的人修築階梯、亭子，方便了自己，卻在大地劃出一道道難以磨滅的傷痕。

四月廿五日。週四。

確定紗窗、紗門都關好，仍然有一隻蚊子飛進屋子。牠一直在我四周飛旋，找尋適當的位置以便好好地吃一頓晚餐。首先牠停在我黑色的衣袖上探索著，把吻部刺入衣服，直直伸進；大概衣服太厚，無法探得皮膚的美味，於是就移了三個位置，但仍是在那衣袖上尋找……

牠仍沒吸到血，我揮了揮手，牠飛起，直飛起，直飛到衣櫃的頂角，在那倒立著，臉朝著我，停著，休息著……似乎正觀察我，要醞釀另一次的攻擊；我竟然被牠影響，看書時頻頻抬頭看牠好幾回；之後索性關燈，靜坐片刻……五分鐘不到，左手已多了三個包包。

沒有聽到嗡嗡的聲音，也沒察覺牠正叮我……牠似乎吃飽了，待我開燈已找不到牠的蹤影。

七月廿二日。週一。

昨天去海邊泡了一下水。海風被太陽溫過，吹在身體上是舒服的。

許多家長帶著小娃娃們玩水，兩手套個浮力圈，就蛙式般地踢出岸邊。他們不必瞭解前面的岩石與海浪狀況，本能地，只要手划腳踢即會浮動了。他們沒有「危險」的意識，所以不會感到害怕。

堤防邊的防波石上愈來愈多的人工走道、沖洗設備引來人潮，人潮引來攤販，最後的結果是，堤防上下成了垃圾場。

人長大後，知道宇宙、自然愈多，心裡就多一份敬畏之心。人類對自然的使用以至於破壞，就如孩子的無知、無懼般，我們的旅遊型態似乎仍停留在對大自然的無知……

大地亦如同一個個體，她有「造」山運動、河口「沖積」平原、海「流」、氣「流」、大陸「飄移」、陸「沉」……她是活生生的地球，我們怎麼善待她，或者「虐待」她！她就如一個人一樣會有「反應」的……

想起在七星山頂（一一二〇公尺）看到穿西裝、皮鞋、打陽傘的遊客。完備的柏油及步道縮短了人與自然的距離，卻也因此讓人太容易、太方便，而對大自然產生輕視進而不會惜愛她。

當我們去「大自然」時，她是「主人」，我們是「客人」，人類不能自恃為「萬物之靈」就濫情地主宰她，在主人的房院裡為所欲為。人類應該學習謙卑，學習在大自然裡沉默，如此才能真正聽到、看到大自然，才能真正享受到大自然主人的招待。

七月廿五日。週四。

海邊的泳者，映照基隆嶼、輪船及孤立無數的小礁岩。人恆動而自然恆靜。

我站立在海邊的一處礁岩上，身上只露出半截在海面上，腰以下泡在海水裡，想像自己是一隻海鷗正凝視著海面。突然，我潛入水底，如蛙般地潛行，偶爾海豚式地游行。在水底，無聲音的世界裡，錯落著靜靜的岩塊，游魚因我的冒然造訪而驚嚇，紛紛向右向左竄逃。在閉氣如此蛙行一段距離後，我又忽地竄出水面，如鯨魚般地浮出水面換氣，接著站在及腰的礁岩上如鳥，隨後再次潛入蛙行、豚泳、鯨浮……

卻也只能如此短暫地變換角色，終究要離水上岸，終究要回到文明的籠子裡。如候鳥終要春臨而北返，留鳥終要夜降而歸巢，而自然卻從早到晚一直在那兒，在那兒等著萬物生靈一次又一次地拜訪，一次又一次地別離。

九月三日。週二。

流鼻水已兩天，似乎無法適應城市的空氣。又思念著山裡的一切……今天終於忍不住到德育海浮潛。

我浮游在水面，透過蛙鏡看五顏六色的魚，魚偶爾也瞪著兩邊的眼睛看著我，一條在洞穴裡搖擺著下半身，不知是在產卵，還是掘洞，牠偶爾會側過身來與我對看，待我向牠招招手，牠反而縮進洞內，然後沒多久，就又探頭出來瞧瞧我。

海參慢吞吞地移動著身體，若不仔細看，會把牠當一堆水草；河豚不知在找什麼？胖胖的身體藉著小小的鰭，在那兒忽左忽右，忽前忽後；看了牠好久，牠似乎不太在意我的存在。

其實，在這一片水域裡，除了「碰」到水母是自認倒楣外，其餘的水底生物與我們是無冤無仇的。偶爾，小魚會在腿邊「吻」一下，反而覺得牠們是小可愛，怎麼找食物找到腿上來了？

游來游去的，就像山上的鳥；在岩上爬的，就像山上的爬蟲；而那螃蟹偶爾用爬的，偶爾躍游一下，倒像是那些獼猴、松鼠類；岩石上的石蓴、藻類，有綠色的，有褪成白色的，正如山上的草原。

水裡面不知是什麼樣的聲音，將頭埋入水中，除了吐氣的泡泡聲外，無法聽到魚游走的聲音……應該有才對，就像鳥在空中飛一樣。

時時要探頭換氣，人應該認命的，從海洋演變到陸地又上樹，最後決定回到陸上靠兩腳直立走路……人實在不應該又想飛上天，又想潛下海，人實在應該安分地、好好地多用雙腳走路。

九月十一日。週三。

清晨，在黎明、鳥聲與滴水聲中醒來，以為下雨了，原來是樓上澆水聲，此時才五時過半。

如常地，在整理床、被單前先蹲坐在馬桶上，以清除昨日一天屯積下來的食物殘渣，總要蹲個十分鐘才完畢，再以水清洗：手先沾點水一把抓下肛門上未排下的糞便，將它彈入馬桶內，沒什麼「髒」感，然後蹲在裝三分之一盆水的臉盆上清洗屁股；以毛巾擦拭後，完成「一日之計在於晨」的第一件自然的事。（自決定以水洗屁股以來的五個月內，衛生紙用不到十張。）

由於天候才入秋，不怎麼冷，把被單當床單，大毛巾蓋身體，其實也只是在蓋肚子部分而已。如果沒有朋友來訪，我盡量讓全身肌膚與空氣接觸，畢竟包裹了一天，該透透氣的。昨晚以完全休息式（「大」字型）睡覺，一覺到天亮甚有滿足感，整理不到一分鐘，榻榻米上已無一物。遮掩半邊的窗簾重新打開，社區的巷道上已開始忙碌了。

上學、上班、走路的、騎機車的，偶爾有計程車會開上來等乘客；也有唸佛經的，賣麵包的。聲音漸次增多，隨著陽光灑在公寓樓頂而逐漸熱鬧起來，白天就這樣開始了。

白天是屬於太陽的。如果雲沒有來爭一席之地，在太陽的光熱照顧之下，衣服很容易就汗溼了。我在冷氣房裡以幻燈片講生物學概論，過去，人類以文明科技帶動了現代化，連帶也破壞了自然及我們生存的根；現在，我仍只能用科技媒體介紹，提醒人除了自己活得好點外，也要為未來的子孫及其他生命留下乾淨的土地及資源。這實在是很無奈的。

讓學生在陽光下「聽」、「看」、「摸」屬於自然的聲音與觸感，擁抱自然也需要時間及機會學習，並且示範如何使用水龍頭，才不致讓大部分的水白白地流失了；一年級的新生很乖地學會了，只是能持續多久呢？當她們發現高年級的學姊並沒這樣節約用水時，當她們發現老師們也是嘩啦啦地在使用水時，她們仍會如此謹慎使用水嗎？

太陽也要休息了，眉月掛在西方一下子，也隨著落入地平線；不怎麼引人注意的星星照樣在黑夜中閃著。夜晚是燈光的世界，也是聲與影，與週三夜集的世界，攤販占據整條街道的兩旁，也搶走星子們的光彩。若是月亮星星不再出現了——其實她們的存在對現代人的夜晚已沒什麼意義了，即使是中秋節的夜晚，人們的焦點也不是天上，而是地上的人兒、歌兒及食品……

太陽在六點多就下山了，人們卻到半夜仍不結束「光」與「熱」的作息，我想，該建議太陽、月亮、星星們消失一陣子，罷工一下，學學人類的「抗議」、「請願」，終有一天，人類會再度留意到她們的存在，並且遵守她們的時間表作息。

斷水斷電記

九月廿二日，今天中秋節，開始一週的斷水斷電。

盛滿三大桶及三小盆的水。這些水將用來洗、喝、煮及沖。

晚上點蠟燭寫字，彷彿回到小時候停電趕作業的情景。把電源總開關關了，隨手一按就有電的日子將暫停一週。

九月廿五日，將火種丟入蠟油內可以燃燒更久。試著剪一小塊布，用織線捲起來插入蠟油中，火苗變得很旺，很高，但黑煙太多，仍不理想。

九月廿七日，早晨。水才用五天就用光了，再度開啟水龍頭，聽水從水管流出的聲音，反益覺須珍惜。人似乎要失去一段時日才會發覺既有的福分。

晚上，恢復供電。昨晚找不到賣煤油燈的商店。某老闆說：「大概只有大陸還在點煤油……」這是落後的生活方式嗎？

一開一關，很容易地再有光、再有水，這種「馬上有」的感覺並不怎麼好。

十月廿五日，晚上，開始第二次斷水電。為省去用火的麻煩及危險，決定晚上只靜坐，或到海邊、山上聽自然的聲音。

十月六日。週日。

八仙神木，標高一二八〇公尺。八棵神木一字排開，根部相連，或獨立、或四棵並列。樹幹高約三十公尺，長滿綠色青苔或其他攀扶性植物，每棵的根部都像章魚爪一樣地張開而懸空，恰好連接成一長約二十公尺的根部隧道。她們在此靜靜矗立，伴著一條深山溪流，在山陰潮溼陡坡上已好幾千年。

其中四棵並列共用一較大根部，而其上，又另長出一較大、一較小的新枝。較小者則細細長長地長在八仙群裡。像八個老人耐心地等待唯一的孫子慢慢長大。

那較大根部下方的懸空處如喉嚨般打開著，猶如通往另一個古老歷史的門，又猶如八仙正訴說著這一片深山裡，不為人知的古老、永恆生命故事。

在這一片深綠色的山陰處，靜靜地坐在八仙前，靜靜地聆聽古老歷史的訓誡，又似被八老擁抱而覺溫暖。

我被那種愈老愈挺拔、愈有勁的生命力深深感動著。

十一月一日。週五。

今天是三十七歲生日。

出門前已默許——從今天起，要從最基本的行動來開始第二階段的簡單生活，那就是「在工作及生活的環境裡養成隨手撿垃圾的習慣」。

一早進入學校，當我彎下腰拾起垃圾時，一種莫名的「羞澀」感卻湧上心頭，我不知是否有人用「奇異」的眼光在看我，因為地上的垃圾一向是外掃區的班級或伯伯的事，我這「一撿」……好像是「不應該」的，為什麼我會有這樣的感覺呢？清掃垃圾好像已變成是特定人的事，以至於路過的人會無視垃圾的存在？以至於只有在有人來參觀前，才會有人主動撿垃圾？

這讓我體驗到：曾有幾位同學為響應環保而自備餐具進餐廳，結果卻引來「奇異的眼光」，她們曾一度「不敢」帶碗筷進餐廳……那是一種「明知是對，卻又不敢昂然」的感覺，現在她們已坦然，但會自帶碗筷的也仍只有她們。有人對我說：「你一個人做有什麼用，大家還不照樣在製造垃圾！」大家好像都在想：「一個人隨手關燈能省多少電？」卻不想「如果我也一起做」，就有兩個人、十個人、百千個人一起做。大家只敢待在「多數人」那邊，「不」願走到「少數人」這邊，因為即使「少數人」是對的，他們也不敢冒著被投以「奇異眼光」的「危險」跨出一步。

整個社區、沿街也無處沒有垃圾。好像大家都不怎麼愛自己生活的環境，或者是大家都不把生活的區域當「家」吧。

想起有兩個小學生常常一起到遊樂區做垃圾分類——無條件地。而我卻連在自己工作、生活的地方做這麼「簡單」的一個動作都這麼難。

十一月二日。週六。

早晨五點半，蹲馬桶後，赤腳踏著晨曦，身上掛著十倍望遠鏡，帶一個塑膠袋往社區的後山走去。

經過昨日撿垃圾的感受後，今日起，除了不給大地製造汙染外，除了欣賞、享受大自然外，也順手把山上、路邊的文明垃圾帶下來。

在山頂對著日出做「完全呼吸」及「頂天立地」。用望遠鏡搜尋遠處早起的飛禽，用耳朵聆賞近處草叢、樹間的鳥鳴與松鼠縱躍的聲響……佇立之際，蚊子已悄然在赤裸的腳上吻出好幾個包包，這一早，萬物各取所需。

沿著山徑清理了六大袋垃圾，繼續順著社區巷道一路撿到垃圾集中場。

一位正要上學的小學生看著我，問：「你在幹什麼？」我回說：「撿垃圾啊！」

她站立許久，一臉的迷惑，像要再問些什麼，像要做些什麼。

來自美國的見證

沈哥：近來可好？

今早起床拉開窗簾，乍然發現一點點棉絮般的雪花稀稀疏疏地飄了下來。這是今年的第一場雪。初雪於Nov.1。這個日子我應該記牢——不僅只是因為這可能是我在美國所見的最後一場初雪，更是（積極地）想對大自然做較深沉的回應。站在窗前看雪，心裡想著一個與你的「簡單生活」相關聯的主題：環境教育。大略看過你介紹的幾本書：孟東籬及另一種生活型態等等，這等於是「簡單生活」、「環境教育」對我心所下的第一場初雪，冷而清晰。以前視而不見的道理，此時清楚地展現，生活又多了一扇窗。下面是幾個生活上的見證：

一、我與慧英有對七十歲的美國老夫婦做為我們的家庭教師（他們是志願義工）。有一次我們去他們家幫忙掃落葉，他們築一塊約一點五公尺平方的地，並用籬笆圍起，然後將掃成堆的落葉倒入其中，這地座落在後花園靠近工具屋邊邊。Bob（老先生名字）告訴我，雨下後，落葉會扁下去腐敗，明年春又有沃土在他們家院子了，他們也將可腐蝕的食物殘渣傾倒於此。我想，這對老夫婦或許並不清楚生態學的倡導：「當地的能量最好是不要傳到其他地方。」可是在行動上，他們已不啻是生態學者了。

二、常常看到街上有人拿著塑膠袋到各個垃圾箱收集鋁罐，在密蘇里州，州立法上規定鋁罐及保特瓶的Recycle是強制執行的，退瓶費每個5分。Recycle的標誌處處可見（Recycle, Reduce, Reuse）。對環境教育的實現方面，當我們還在為考試分數多扣一分、少加一分爭得面紅耳赤時，地球彼岸的美國中部一個擁有兩萬人口的小鎮中，一對似姊弟的小黑人，正推著一箱鋁罐去超級市場Recycle；距離這家超市大約一里不到的這對老家教老師，正隨手將垃圾分類丟在不同的垃圾桶內。在美國，至少在密蘇里哥倫比亞城，我看到「真正的環境教育」被深刻地執行，而所謂真正的環境教育是與生活相連結，而不是與考試連結的。臺灣的教育工作者應該於此時對環境教育做一番徹底的體檢，從小學、中學、大學，到成人教育。我在美國修科學教育，最大的感動就是看到他們致力於將科學的原理原則，應用到處理社會問題上（social issues）。你知道嗎?當你去釣魚時，你只能釣限定大小、一定數目的魚，免得魚被獵釣殆盡，烤肉一定要用烤肉架，以免傷害土質。說到此讓我想起今年夏天我回臺灣，去你家，在留言簿上留下的字句——「尊重別人」，或許我們真的要培養我們的下一代，使他們懂得尊重萬物。

雜亂幾句，請原諒我草率的字跡，看到你今夏的行程及感想，真令我感動，請代我問候李石燕及其他我認識的人。祝健康快樂！

柏圍NOV.1/1991

國家圖書館出版品預行編目資料

老鷹的故事[典藏版]／沈振中著. - 二版. - 台中市：晨星，2017.08

272面； 公分，——（自然公園；009）

ISBN 978-986-443-277-6（平裝）

1.鷹

388.892 106007963

自然公園 09

老鷹的故事【典藏版】

作者 沈振中
主編 徐惠雅
美術編輯 王志峯
封面設計 黃聖文

創辦人 陳銘民
發行所 晨星出版有限公司
台中市407工業區30路1號
TEL：04-23595820 FAX：04-23550581
E-mail：service@morningstar.com.tw
http：//www.morningstar.com.tw
行政院新聞局局版台業字第2500號
法律顧問 陳思成律師
初版 西元1993年4月15日
二版 西元2017年8月10日

郵政劃撥 22326758（晨星出版有限公司）
讀者服務 （04）23595819＃230
印刷 承毅印刷股份有限公司

定價350元

ISBN 978-986-443-277-6
Published by Morning Star Publishing Inc.
Printed in Taiwan

◆讀者回函卡◆

以下資料或許太過繁瑣，但卻是我們瞭解您的唯一途徑，

誠摯期待能與您在下一本書中相逢，讓我們一起從閱讀中尋找樂趣吧!

姓名：__________ 性別：□男 □女 生日： / /

教育程度：__________

職業：□學生 □教師□內勤職員 □家庭主婦

□企業主管 □服務業 □製造業□醫藥護理

□軍警 □資訊業 □銷售業務 □其他__________

E-mail：__________ 聯絡電話：__________

聯絡地址：□□□__________

購買書名：老鷹的故事【典藏版】

・誘使您購買此書的原因？

□於__________書店尋找新知時 □看__________報時瞄到 □受海報或文案吸引

□翻閱__________雜誌時 □親朋好友拍胸脯保證 □__________電台DJ熱情推薦

□電子報的新書資訊看起來很有趣 □對晨星自然FB的分享有興趣 □瀏覽晨星網站時看到的

□其他編輯萬萬想不到的過程：__________

・本書中最吸引您的是哪一篇文章或哪一段話呢?__________

・請您為本書評分，請填代號：1. 很滿意 2. ok啦! 3. 尚可 4. 需改進。

□封面設計______ □尺寸規格______ □版面編排______ □字體大小______

□內容______ □文／譯筆______ □其他建議______

・下列書系出版品中，哪個題材最能引起您的興趣呢?

台灣自然圖鑑：□植物 □哺乳類 □魚類 □鳥類 □蝴蝶 □昆蟲 □爬蟲類 □其他______

飼養&觀察：□植物 □哺乳類 □魚類 □鳥類 □蝴蝶 □昆蟲 □爬蟲類 □其他______

台灣地圖：□自然 □昆蟲 □兩棲動物 □地形 □人文 □其他______

自然公園：□自然文學 □環境關懷 □環境議題 □自然觀點 □人物傳記 □其他______

生態館：□植物生態 □動物生態 □生態攝影 □地形景觀 □其他______

台灣原住民文學：□史地 □傳記 □宗教祭典 □文化 □傳說 □音樂 □其他______

自然生活家：□自然風DIY手作 □登山 □園藝 □觀星 □其他______

・除上述系列外，您還希望編輯們規畫哪些和自然人文題材有關的書籍呢?______

・您最常到哪個通路購買書籍呢? □博客來 □誠品書店 □金石堂 □其他______

很高興您選擇了晨星出版社，陪伴您一同享受閱讀及學習的樂趣。只要您將此回函郵寄回本社，或傳眞至（04）2355-0581，我們將不定期提供最新的出版及優惠訊息給您，謝謝!

若行有餘力，也請不吝賜教，好讓我們可以出版更多更好的書!

・其他意見：__________

晨星出版有限公司 編輯群，感謝您!

請填妥對折裝訂，直接投郵即可，免貼郵票

廣告回函
台灣中區郵政管理局
登記證第267號
免貼郵票

407
台中市工業區30路1號
晨星出版有限公司

請沿虛線摺下裝訂，謝謝!

更方便的購書方式：

1 網站：http://www.morningstar.com.tw
2 郵政劃撥 帳號：22326758
戶名：晨星出版有限公司
請於通信欄中註明欲購買之書名及數量
3 電話訂購：如為大量團購可直接撥客服專線洽詢

◎ 如需詳細書目可上網查詢或來電索取。
◎ 客服專線：04-23595819#230 傳真：04-23597123
◎ 客戶信箱：service@morningstar.com.tw

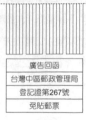